Götze · Perfekte Diaserien

Hans Götze

Perfekte Diaserien

Eine Anleitung zur Anfertigung und Vorbereitung
von Diavorführungen im Zimmer und im kleinen Saal
unter Verwendung von einem oder mehreren
Projektoren und Tonband

Wilhelm Knapp Verlag Düsseldorf

Titel der niederländischen Originalausgabe:
Over diaseries

Ins Deutsche übertragen von
Erwin Peters

CIP-Kurztitelaufnahme der Deutschen Bibliothek

Götze, Hans:
Perfekte Diaserien / Hans Götze. [Ins Dt. übertr. von Erwin Peters]. – Düsseldorf: Knapp, 1981.
Einheitssacht.: Over diaseries ⟨dt.⟩
ISBN 3-87420-134-1

Niederlassung der Droste Verlag GmbH, Düsseldorf
Umschlagentwurf und -fotos: Helmut Schwanen
Gesamtherstellung: Clausen & Bosse, Leck
ISBN 3-87420-134-1

Inhalt

Diaserien

Es gibt verschiedene sehr wirkungsvolle Methoden, sich äußerst unbeliebt zu machen. Die sicherste ist aber wohl, wenn Sie ohne Unterbrechung die vierhundertundachtunddreißig Dias von Ihrem letzten Urlaub vorführen. Der Effekt läßt sich aber noch verstärken, wenn Sie jedes Dia zu allem Überfluß noch mit einem langen improvisierten Kommentar begleiten. Wenn die Vorführung dann tief in der Nacht – oder vielleicht gar erst am frühen Morgen? – beendet ist, wird Ihr Publikum überstürzt Hut und Mantel ergreifen und Ihnen künftig so gut wie möglich aus dem Wege gehen.
Und doch schien der Abend so gemütlich zu beginnen? Nachdem alle einen Platz gefunden hatten und Kaffee und Kuchen gereicht waren, hatten Sie Ihre Gäste äußerst zuvorkommend gebeten, mal eben aufzustehen und sich etwas anders hinzusetzen. Die Leiter wurde dann als Projektionstischchen zwischen zwei Stühle geschoben, ein Bettuch wurde mit Wäscheklammern über den Fenstervorhang gespannt. Und als das Licht dann ausgeknipst worden war, mußte es gleich noch mal angemacht werden, weil Tante Lisbeth im Dunkel ihre Schwarzwälder Kirschtorte auf die Hose Ihres Chefs fallen ließ.
Und als das nun wieder behoben war, haben Sie als erstes einmal die nicht so guten Dias gezeigt; unmittelbar darauf folgten die viermal sechsunddreißig Aufnahmen Ihrer beiden Kinder. Schon da war das Stimmungsbarometer dem Nullpunkt so nahe, daß nicht einmal die dann folgenden Badenixen im mehr oder weniger entkleideten Zustand für eine Erwärmung sorgen konnten.
Aber leider geht's nun mal so bei den meisten Diavorführungen, und das führt wieder dazu, daß die wertvollen Urlaubserinnerungen anschließend in irgendeiner Lade verschwinden und erst nach Jahren wieder einmal hervorgekramt werden.
Und dann wird leicht und voreilig behauptet, Dias seien nicht schön, eigentlich seien sie sogar langweilig. Aber nein, das ist falsch. Dias an sich können weder schön, noch fesselnd noch langweilig sein. *Es ist die Schau, die Wiedergabe, die da fesselnd oder langweilig ist.* Und eine Diavorführung kann leicht sehr gesellig, interessant, rührend oder gar schockierend sein, wenn Sie sich nur einmal die Zeit nehmen, darüber nachzudenken und einen Plan zu entwerfen.
Ein improvisierter Kommentar kann zum Beispiel leicht eine ganze

Minute lang dauern. Im vorgenannten Fall mit den vierhundertundachtunddreißig Dias könnte so eine Vorführung also sieben Stunden oder mehr in Anspruch nehmen. Und außerdem: also Ihre Kinderchen sind ja bestimmt lieb, und wenn Sie's unbedingt wollen, sogar einmalig, aber mit drei Bildchen von jedem reicht's wirklich.
Gehen wir doch einmal zu Klaus, der heute abend seiner Familie und Freunden Dias vorführen will. Zwar sind seine Dias nicht mehr nagelneu, sie stammen aus dem vergangenen Jahr, aber trotzdem scheint es interessant zu werden, denn jeder ist scharf darauf, eingeladen zu werden.
Wenn man dann eintritt, dann fällt gleich auf, daß die Stühle schon so geordnet stehen, daß die Vorführung ohne langes Hin- und Herschieben beginnen kann. Der Projektor steht auch schon auf einem speziellen Projektortisch; die Leinwand ist zwar noch nicht zu sehen, aber sie kann an dem dafür vorgesehenen Platz mit einem einzigen Handgriff ausgezogen werden. Und Klaus hat auch für jeden Zuschauer ein kleines Tischchen mit einem Aschenbecher in Griffweite stehen. Außerdem schaltet er das Licht nicht mit einem plötzlichen Knipsen des Lichtschalters aus, sondern er läßt die Lampen mit Hilfe eines Dimmers allmählich dunkler werden. Und ehe das Licht ganz aus ist, leuchtet auf der Leinwand bereits das erste Dia auf.
Sein Kommentar ist kurz und sachlich, Pausen werden mit einer bescheidenen Hintergrundmusik gefüllt. Die erläuternden Ausführungen sind logisch aufgebaut, aber es wird nichts beschrieben, was ohnehin deutlich zu sehen ist. Und ehe wir uns versehen haben, geht das Licht schon wieder an. Wie, jetzt schon? fragen alle. Die Vorführung hat fünfunddreißig Minuten gedauert, aber allen erschien sie zu kurz. Nach einigem Bitten läßt Klaus sich im weiteren Verlauf des Abends erweichen, dieselbe Serie noch einmal zu zeigen. Das Publikum hatte einen unterhaltsamen Abend, und jeder ist auf die nächste Diavorführung gespannt.
So ist das Betrachten von Dias – im Gegensatz zu den meisten Diavorführungen – keine Strafe. Aber worin liegt nun der Unterschied?
Klaus hat sich vorbereitet und dabei nachgedacht, das ist alles. Er stellt aus seinen Dias verschiedene Serien zusammen, die ein bißchen auf das Publikum eingestellt sind. Omas und Opas kriegen nie genug von den Enkelkindern, aber Fotos von Helga, der Frau von Klaus, die auf einem Felsen als Lorelei posiert, betrachten sie eigentlich mehr

mit einem peinlichen Gefühl. Der Freund, der sich für Archäologie interessiert, kann nicht genug Bilder von den Felsformationen zu sehen kriegen, aber der Sportfreund ist nun mal leichter durch die Bilder vom Wasserschilaufen zu fesseln.

Aber Diavorführungen können auch mehr Inhalt bieten, als nur ein Urlaubsbericht. Man kann Dias ebenso dazu nutzen, freie Themen zu behandeln, zum Beispiel den Übergang vom Sommer zum Herbst. Man kann sie verwenden, in der Nachbarschaft das Streben einer Aktionsgemeinschaft zu verdeutlichen oder als freies Ausdrucksmittel, mit dem man seine Anteilnahme an dieser oder jener Sache zum Ausdruck bringt. Sie können auch ein ganzes Lehrprogramm für ein großes Publikum interessant gestalten. Die Möglichkeiten sind ohne Grenze.

Zum Medium Dia – ob es nun von einem Tonband begleitet wird oder nicht – gehört eine Technik. Diese Technik besteht aus zwei Teilen. Da ist einerseits die ganz allgemeine Technik: die richtige Belichtung, das Rahmen, das Projizieren und die Anfertigung eines Tonbandes. Und andererseits gibt es noch die spezifische Technik, sie besteht aus dem Aufbau des Dias, der Wahl des Motivs und der Reihenfolge, dem Verfassen eines Kommentars und der Wahl der für die jeweilige Stimmung erforderlichen Musik.

Und diese beiden Aspekte der Diavorführung werden in diesem Buch besprochen.

Hans Götze

Kapitel I

Die Projektoren

Projektoren werden heutzutage in einer zwar überwältigenden, vor allem aber auch verwirrenden Zahl von Arten angeboten.
Für zweihundert Mark kann man sich schon einen ganz brauchbaren Projektor anschaffen, aber in scheinbar brüderlicher Eintracht sieht man im Schaufenster daneben einen anderen ausgestellt, der gut zweitausend Mark kosten soll.
Worin soll denn da um Himmels willen der Unterschied bestehen?
Mit diesem Kapitel wollen wir den Versuch machen, Sie mit einigen grundsätzlichen Unterschieden etwas näher vertraut zu machen.

Der Aufbau
Jeder Diaprojektor ist aus einer Zahl von Elementen aufgebaut, die sich in dieser oder jener Form in jedem Modell finden werden. Das Herz des Projektors bildet die Lampe. Diese Lampe hat einen großen Einfluß auf seine Fähigkeit, ein helles Bild wiederzugeben, eventuell auch in einem sehr großen Saal. Für die modernen Projektoren verwendet man meist Niederspannungslampen von 24 Volt. Die Wattleistung liegt bei den gängigen Projektoren zwischen 100 und 250 Watt. Je höher die Wattleistung, desto brillanter werden Ihre Dias auf der Leinwand zu sehen sein. Wenn Sie zwei Projektoren miteinander vergleichen und sie beurteilen wollen, dann sollten Sie das vor allem mit ein paar dunklen Dias versuchen. Gerade die leicht unterbelichteten Diapositive zeigen Ihnen, was der Projektor wert ist.
Meist hat der Projektor mit einer Lichtleistung von 250 Watt auch einen Sparschalter, mit dem sich die Lichtstärke zur Projektion auf eine kleinere Leinwand reduzieren läßt. Jedenfalls sollte man sich gleich einen Projektor mit einer starken Lampe anschaffen. Das hat auch den Vorteil, daß man damit noch die unterbelichteten oder dunklen Dias annehmbar auf die Leinwand bringen kann.
Die Lichtleistung hängt aber nicht nur von der Lampe ab. Auch das optische System hat dabei ein wichtiges Wörtchen mitzureden. Da ist zunächst einmal der Kondensor oder das Kondensorsystem. Ihm obliegt es, das Licht der Lampe zu bündeln, und es dabei möglichst gleichmäßig über die Fläche des Diapositivs zu verteilen. Häufig sind diese Kondensorsysteme aus asphärischen Elementen aufgebaut, und das kommt der Lichtverteilung zugute.

Das Objektiv, der zweite Bestandteil des optischen Systems, hat natürlich den größten Einfluß auf die Bildwiedergabe. Das projizierte Bild muß bis in den äußersten Winkeln scharf sein, und das läßt sich nur mit Hilfe eines Testdias beurteilen, in dem bis in die Ecken hinein Striche, Buchstaben und ähnliches zu erkennen sind.
Das Objektiv muß frei von chromatischer Aberration sein, die sich – falls es davon eben nicht frei ist – als Farbverschiebung entlang der Konturen bemerkbar machen würde. In diesem Fall zeigt sich so etwas wie ein Regenbogen, der sich an der Begrenzung der Flächen abzeichnet. Solch ein Effekt ist sehr störend, er kann die schönsten Dias so entstellen, daß man sie kaum noch mit Genuß ansehen kann.

Das optische System eines Diaprojektors:
a. Halogenlampe
b. Lampenspiegel
c. Kondensor
d. Wärmefilter
e. Objektiv
f. Dia

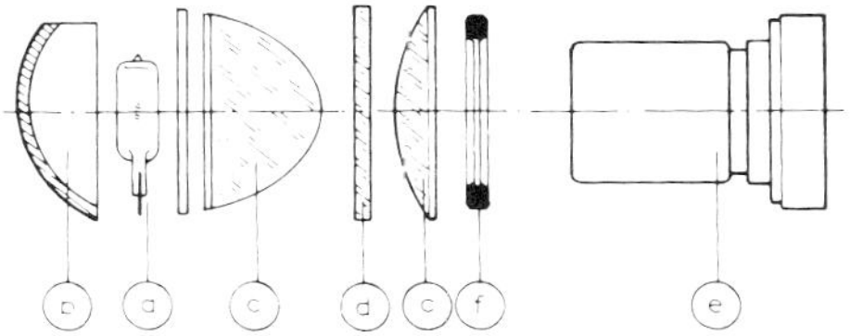

Weitaus die meisten Projektoren sind für das Format 24 × 36 mm vorgesehen. Bei vielen Modellen kann man dann noch ein Dia im Format 4 × 4 (genau genommen 38 × 38 mm) projizieren. Dieses Format wird aus Dias der Größe 4 × 6 cm gestanzt. Auch das muß geübt werden, und man muß dabei vor allem auf die Bildecken achten. Ein Projektor, der diese Fläche nicht so richtig bewältigen kann, wird dunkle Ecken zeigen.
Ebenfalls sehr beliebt ist das Format 6 × 6. Da es aber ziemlich kostspielig ist, Dias in diesem Format herzustellen, werden sie nicht so häufig gemacht und dementsprechend ist auch das Angebot an Projektoren dieses Formats beschränkter. Sie sind dadurch natürlich ebenfalls teurer.
Und schließlich gibt es auch noch die Projektoren für das Format 6 × 7. Hier dürfte die Wahl nicht sonderlich schwer fallen: soviel mir bekannt, gibt es nur ein einziges Modell von einem Hersteller, das der Handel anbietet.

Bildwechsel und Magazine
Seitlich des Projektors, bei manchen Geräten auch auf der Oberseite, kann man ein Magazin mit Dias einsetzen. Ein ausgetüfteltes System,

angetrieben von einem kleinen Elektromotor, sorgt dafür, daß ein Dia aus dem Magazin in den Lichtstrahl geschoben wird. Beim Bildwechsel wird das Dia dann wieder zurückgeschoben, und das folgende Positiv kommt nunmehr in den Projektor. Sobald man den Wechselautomaten einschaltet, wird der Lichtstrahl durch einen schwarzen Schirm kurzzeitig abgedunkelt.

Das Tempo, mit dem dieser Bildwechsel stattfindet, ist natürlich ein wesentlicher Faktor. Manche Projektoren (Sie wissen schon: die billigeren) nehmen sich alle Zeit. Bei einem relativ teuren Gerät dauert der ganze Vorgang nicht länger als 0,4 Sekunden. Und damit wird die Zeit, während der das Publikum auf eine schwarze Leinwand starrt, auf ein Minimum begrenzt.

Der Impuls, durch den der Projektor zum Bildwechsel veranlaßt wird, wird durch Knopfdruck gegeben. Dazu verwendet man bei vielen Geräten eine Fernbedienung; die Betätigungsknöpfe sind in einem kleinen Kästchen angebracht, das man leicht in der Hand halten kann und das durch ein Verlängerungskabel mit dem Projektor verbunden ist. Auf diese Weise läßt sich der Bildwechsel vom Stuhl aus bewerkstelligen. Es gibt übrigens auch eine drahtlose Fernbetätigung.

Diamagazine gibt es in zweierlei Ausführung. Am häufigsten verwendet wird das relativ preisgünstige und platzsparende lange Magazin in der Ausführung für sechsunddreißig oder fünfzig Dias. Sie werden

Ein moderner Projektor mit Fernbedienung und schnellem Bildwechsel

meist paarweise verkauft und lassen sich leicht stapeln, so daß die ganze Lagerung recht übersichtlich ist. Außer dem langen gibt es auch das runde Magazin, und das kann in der Standardausführung achtzig Dias aufnehmen. Der Preis für diese Rundmagazine ist aber erheblich höher, als der für die langen.

Die Scharfeinstellung

Um das Bild auf der Leinwand scharf zu bekommen, kann man das Objektiv des Projektors nach vorn oder nach hinten bewegen.
Bei den einfachsten Modellen wird das von Hand am Objektivrand bewirkt. Aber viele Geräte haben auch dafür einen Motorantrieb, so daß man außer dem Knopf für den Bildwechsel auch noch einen für die Scharfeinstellung vorfindet. Das ist eine sehr nützliche Vorrichtung, wenn man häufig glaslos gerahmte Dias vorführt.

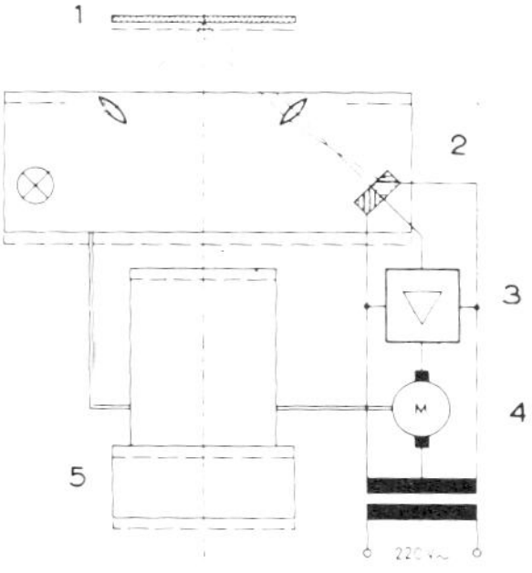

So funktioniert die automatische Scharfeinstellung eines Diaprojektors. Bei 1 sehen wir das Dia, das einen Lichtstrahl des Lämpchens links auf die doppelte CdS-Zelle 2 bricht. Die dort entstehenden winzigen Ströme werden durch den Verstärker 3 verstärkt und dann dem Motor 4 zugeführt. Der Motor bewegt das Projektorobjektiv nun so rasch nach vorn oder hinten, daß es sich wieder in die ursprüngliche Entfernung vom Dia begibt.
Bei einem Dia, das sich an der richtigen Stelle befindet, bleibt alles in Ruhe; bewegt es sich aber etwas nach vorn (siehe gestrichelte Linie), dann erhält eine der beiden CdS-Zellen mehr Licht als die andere, und nun kommt es zur automatischen Scharfeinstellung bis auch das Objektiv sich in der gestrichelten Stellung befindet.

Die Zahl der Diaprojektoren mit automatischer Scharfeinstellung wächst ständig. Das Prinzip dieser Vorrichtung ist relativ einfach: ein Lichtstrahl tastet die Diafläche ab; zeigt es sich, daß diese außerhalb der eingestellten Schärfenebene liegt, dann wird dies auf den Antrieb der Scharfeinstellvorrichtung übertragen, der sofort reagiert und dafür sorgt, daß die Projektion wieder scharf wird. Das klingt nun alles sehr gut, aber wenn ich Ihnen die Wahrheit sagen soll: ich habe diese Vorrichtung in meinen Projektoren abgeschaltet.
Bei einem gut gerahmten Dia (das also zwischen Gläsern liegt) erübrigt sich diese Vorrichtung überhaupt. Nachdem die Schärfe beim

ersten Dia eingestellt wurde, kann sie bei der ganzen weiteren Vorführung gleich bleiben.
Glaslos gerahmte Dias neigen dazu, durch die Wärme ›aus der Schärfe‹ zu springen, weil sie sich plötzlich wölben. Falls der Projektor eine automatische Scharfeinstellvorrichtung hat, dann stellt er sich unverzüglich auf die neue Ebene ein. Ich selbst kriege zwar bei Vorführungen solcher Art das Gefühl, seekrank zu werden, aber offenbar gibt es viele Fotografen, die sich nicht daran stören.

Die Steuerung

Der Effekt, den man erzielt, wenn man mit Hilfe eines Plattenspielers oder eines Tonbandgerätes zugleich mit der Vorführung von Dias Musik oder Geräusche erklingen läßt, ist hervorragend. Wenn Sie aber versuchen sollten, die Musik ›aus der Hand‹ beizusteuern, dann werden Sie auch merken, daß sie einmal zu früh und das andere Mal zu spät kommt. Nichts liegt hier also näher, als den Bildwechsel mit dem Tonband zu koppeln.
Auf einer freien Bandspur wird dazu ein Signal gegeben, und zwar für jeden Bildwechsel eins. Wenn das Band dann abgespielt wird, geht

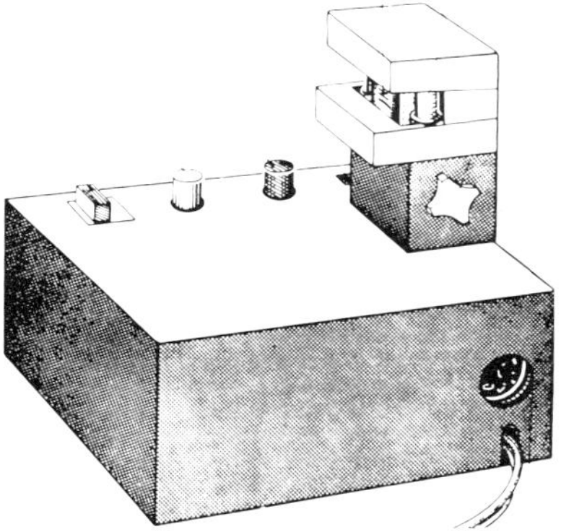

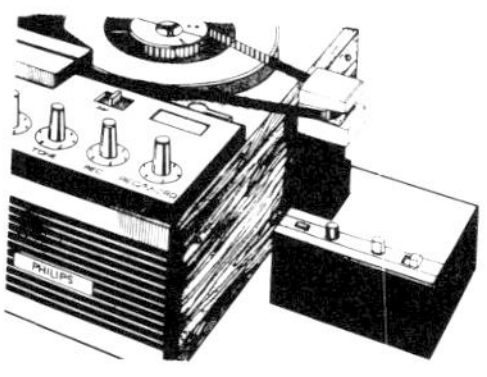

Philips N 6400, ein Gerät der einfachsten Art, mit dem man einen Diaprojektor automatisch steuern kann.

dieses Signal an ein Relais, das seinerseits den Bildwechsel befiehlt. Das einfachste Gerät hierzu ist von Philips unter der Bezeichnung Philips N 6400 auf dem Markt. Es kann lose neben jedem Tonbandgerät aufgestellt werden. Will man aber einen absolut unterschiedslosen Synchronlauf von Musik und Dias erhalten, dann muß dieses Gerät auch stets genau am selben Platz neben dem Tonbandgerät stehen.
Weniger störanfällig ist die eingebaute Diasteuerungsmöglichkeit, die mehr und mehr zum Standard vieler Tonbandgeräte gehört. Der Hauptvorteil ist darin zu sehen, daß man dabei weniger lose Zubehörteile hat, weniger Kabel usw., und dadurch verringert sich natürlich auch die Wahrscheinlichkeit auf Störungen, Irrtümer und Unterlassungen. Das zuvor genannte Gerät kann nur eine einzige Impulsart durchgeben. Zu einer etwas feinfühligeren Technik braucht man aber mehrere Signale für unterschiedliche Steuerbefehle. Dazu benötigt man dann einen Vorverstärker, und zwar den des Tonbandgerätes. Jetzt wird nicht mehr eine der freien Spuren des Tonbandes verwendet, sondern die zweite Spur (die Stereospur nämlich). Dabei entfällt natürlich die Möglichkeit zur Stereowiedergabe des Tons.
Es empfiehlt sich die Anschaffung eines Tonbandgerätes mit getrennten Aufnahme- und Wiedergabeköpfen.
Ideal ist natürlich das quadrophonische Tonbandgerät: vier Tonspuren mit Vorverstärkern. Damit kann man dann trotz der Steuerung auch noch einen Stereoklang wiedergeben. Zwar etwas teurer, aber auch viel schöner.

Zwei Projektoren

Der Bildwechsel mag noch so rasch vonstatten gehen, es bleibt doch immer noch der Augenblick, während dessen das Publikum auf die dunkle Leinwand starrt. Diese Unterbrechung ermüdet die Augen und stört die Harmonie der Darbietung.
Durch die Verwendung zweier Projektoren läßt sich die Dunkelpause zwischen zwei Dias beseitigen. Sobald der eine Projektor Pause macht, leuchtet der andere auf, und dadurch geht es dann ohne Unterbrechung weiter. Auf halbem Wege zwischen dem Verlöschen der ersten Lampe und dem vollen Aufglühen der zweiten gibt es den Augenblick, in dem man beide Bilder gleichzeitig sieht: die Überblendung. Die Bilder fließen ineinander über, und der Vortrag

Überblendgerät für zwei Projektoren.

wirkt dadurch viel lebendiger. Der jeweilige Schock, den der plötzliche Übergang vom einen Dia zum nächsten sonst verursacht, entfällt hier.
Zwischen die beiden Projektoren wird ein Überblend-Steuerungsgerät geschaltet, das in seiner einfachsten Ausführung eine fest eingestellte Überblendzeit hat.
Es versteht sich von selbst, daß die Variationsmöglichkeiten zunehmen, wenn die Überblendzeit regelbar ist. Zur Zeit bietet der Fotohandel Geräte an, bei denen Zeiten von weniger als einer halben Sekunde bis etwa sechzehn Sekunden einstellbar sind. Bei manchen Geräten ist auch die Möglichkeit geboten, zwei Dias für eine Weile übereinander stehen zu lassen. Mit dieser Überlagerung kann man besondere Effekte hervorrufen. In gleicher Weise kann man auch Titeldias auf das Bild projizieren, so daß man einen sehr interessanten Anfang bekommt.
Bei der Anschaffung muß man darauf achten, ob die eventuell bereits vorhandenen Projektoren sich mit dem neuen Gerät zusammenspannen lassen.

Oder noch mehr Projektoren

Die Elektronenindustrie macht jetzt vor nichts mehr halt. Und so kann man heutzutage auch Steuerungsgeräte kaufen, mit denen vier, sechs oder gar noch mehr Projektoren zugleich betätigt werden können. Hiermit lassen sich dann gigantische Darbietungen durchführen, bei denen zuweilen hundert Lichtbildwände beteiligt sind. Mit Recht kann man sich hier fragen, ob dies dann nicht des Guten zuviel ist.

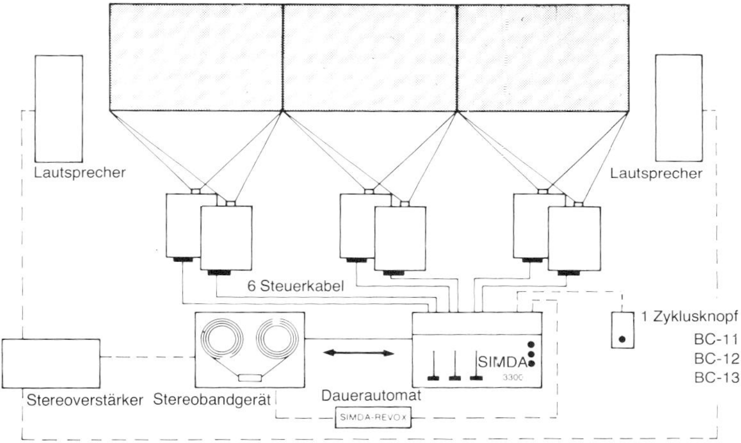

Schaltschema für sechs Projektoren, die gemeinsam drei Projektionswände anstrahlen.

Der Durchschnittsamateur wird es wohl kaum weiterbringen, als zum Einsatz höchstens dreier Leinwände, die – in einer Reihe aufgestellt – durch sechs Projektoren beleuchtet werden. Jede Leinwand hat also zwei Projektoren. Die Lichtbildwände werden genau aneinander anschließend aufgestellt, genauer gesagt: sie bilden eine einzige Leinwand, die dreigeteilt ist. Es macht sich gut, wenn man diese Bildwand als transparente Projektionsfläche (Rückprojektion) einsetzen kann. Das Publikum sieht dabei nichts von der (durch Kabel und Geräte leicht an Rumpelkammer erinnernden) Projektionsapparatur, denn diese steht ja hinter der Projektionsfläche. Reiseberichte mit so einer Anlage können in zimmerbreiten Bildern herrliche Panoramen hervorzaubern, oder in der Bildmitte ist der Markt zu sehen, während die beiden Seitenwände Nahaufnahmen von den Markthändlern zeigen.
Dennoch ist hier Vorsicht geboten. Der Schritt von der Mehrflächenprojektion bis zur visuellen Publikumsfolter ist nur sehr klein. Die Effekte müssen mit großer Selbstbeherrschung dosiert werden, denn sonst kommt es leicht zu einem unübersichtlichen und verwirrenden Bild, dem niemand mehr zu folgen vermag. Planung und weitere Ausarbeitung von Diavorführungen dieser Art würden den Rahmen dieses Buches überschreiten. Im Grunde gelten für die große

Diashow dieselben Prinzipien, wie sie auch auf den folgenden Seiten zur Sprache kommen werden. Aber lassen Sie nun nicht den Kopf hängen, wenn manche Geräte und Vorrichtungen außerhalb Ihrer finanziellen Möglichkeiten liegen. Nicht die Zahl der Schirme gibt den Ausschlag über das Gelingen einer Diavorführung; auch nicht das Überblend-Steuerungsgerät ist es, was einen Dia-Abend unvergeßlich macht. Man kann auch großartige Diavorführungen mit nur einem einzigen Projektor zustande bringen, wenn der Veranstalter eines solchen Abends nur genügend Phantasie hatte, als er die Vorführung zusammenstellte, wenn er von einer Idee ausgegangen ist, die der Mühe wert war. Wenn aber die Idee zur Diavorführung, der Grundgedanke des Themas, dürftig ist, dann kann selbst die kostspieligste Apparatur daraus nichts Besseres machen.

Tonbandgeräte und Verstärker

Zur Klanguntermalung braucht man ein oder mehr Tonbandgeräte. Ich selbst bevorzuge das Tonbandgerät mit Spulen gegenüber dem Kassettenrekorder. Die Tonbänder auf Spulen lassen sich bequemer montieren. Tonbandgeräte werden in noch erheblich größerer Zahl und Variationsbreite angeboten als Projektoren. In jeder Preisklasse gibt es heutzutage eigentlich annehmbare Geräte. Lassen Sie sich von technischen Spielereien dabei nicht allzusehr beeinflussen. Hören Sie sich die Tonwiedergabe an, und wenn Ihnen die im Vergleich zu anderen Geräten der Preisklasse, die Sie sich leisten können oder wollen, gefällt, dann dürfte dieses Gerät auch das richtige sein. Erst viel später, wenn sich Ihr Sinn für die Tonwiedergabe erheblich geschärft hat, werden Sie vielleicht das Bedürfnis verspüren, ein anderes Tonbandgerät zu verwenden. Aber offen gesagt, die meisten Menschen erreichen diese Stufe nie.

Projektionsfläche

Sehr beliebt ist die Perltuchfläche. Es handelt sich dabei um eine Tuchart, die mit gleichmäßig auf der Oberfläche verklebten Glasperlen versehen ist. Die Projektion ist besonders hell, jedoch unter der Voraussetzung, daß man so rechtwinklig wie möglich davor sitzt. Außerhalb eines Winkels von siebenundzwanzig Grad zur Mitte ist nur noch ein relativ dunkles Bild zu sehen, weil die Perltuchfläche das Bild in gerader Richtung zurückwirft.

Wenn die Räumlichkeit einigermaßen breit ist, empfehle ich deshalb lieber mattweiße Flächen aus Kunststoff. Das Bild wirkt dann zwar nicht so brillant, aber man kann es dafür von jedem Winkel aus betrachten.
Sehr mißtrauisch bin ich Aluminiumflächen gegenüber. Manche von ihnen leuchten bläulich auf, vor allem wenn man Schneeflächen darauf pojiziert.
Auch hier sollte man nach Möglichkeit nach Vergleich wählen. Wem die Anschaffung einer Projektionsfläche vorerst noch zu kostspielig erscheint, der kann sich auch eine Weile mit einem großen Bogen guten Zeichenpapiers behelfen. Im allgemeinen kann man sagen, je besser der Projektor ist, desto geringere Ansprüche muß man an die Projektionsfläche stellen und umgekehrt.
Im Kapitel über die Vorführung werde ich auf diese Frage noch näher eingehen. Es werden dann auch die idealen Formate der Leinwand und die Größeneinstellung zur Sprache kommen.

Kapitel II

Das Dia

Das Dia selbst ist natürlich bei jeder Diavorführung das Wesentlichste. Je besser die Qualität jedes einzelnen Dias, desto besser kann die Darbietung werden. Aber nun gibt es ja leider den merkwürdigen Umstand, daß ein Dia, dessen Qualität eigentlich nicht den Anforderungen entspricht, zuweilen innerhalb der Serie unentbehrlich ist. Man muß die Dias unter den folgenden drei Gesichtspunkten betrachten und prüfen:

1. richtige Belichtung

2. kompositorische Qualität

3. Funktion innerhalb der Reportage.

Diese drei Faktoren wollen wir nun anschließend einmal ein bißchen unter die Lupe nehmen.

Die richtige Belichtung
Ein Dia muß die richtige Belichtung haben. Es darf nicht ausgewaschen erscheinen, die hohen Lichter müssen noch Farbe zeigen und die tiefsten Schatten sollten nach Möglichkeit noch Detail haben. Am leichtesten erreicht man all das, wenn man bei der Aufnahme einen Belichtungsmesser verwendet, der das auf das Objekt fallende Licht mißt (Lichtmessung). Belichtungsmesser, die dagegen nur das vom Objekt her reflektierte Licht messen (Objektmessung) und die überdies meist noch in der Kamera eingebaut sind, sind nicht so gut geeignet, weil sie eine weniger konstante Qualität zuwege bringen.[1]
Die Konstanz der Bildqualität ist aber erforderlich, weil das Dia ja in die Serie eingefügt werden soll.
Nun wird es aber für niemanden sonderlich schwierig sein, ein über- oder unterbelichtetes Dia noch zu erkennen. Aber mit den modernen Filmen lassen sich Dias wenigstens in drei Abstufungen belichten, ohne daß man nun eine davon gleich als schlecht oder falsch bezeichnen

[1] Mehr über die Technik der Lichtmessung in: Perfekte Negative

müßte. Das eine Dia ist eben ein bißchen heller als das andere, das dann wieder etwas gewichtiger in den Farben ist. Hier muß man experimentieren, um zum Ziel zu kommen, denn dabei geht es um Geschmacksfragen. Ich selbst gebe dem satten Dia den Vorzug, aber viele andere bevorzugen zartere Farben.
Wenn Sie hier zu einer wirklich fundierten Entscheidung kommen wollen, dann sollten Sie einen ganzen Diafilm mit Motiven unterschiedlichster Art füllen.
Jede Aufnahme wird dabei dreimal gemacht: die erste mit der gemessenen Belichtungszeit, die zweite mit einer halben Stufe weniger und die dritte mit einer halben Stufe mehr. Und wenn Sie ganz gewissenhaft zu Werke gehen wollen, dann können Sie die Serie auch noch um jeweils eine ganze Stufe Unter- und Überbelichtung erweitern.
Projizieren Sie die Dias dann nacheinander, und zwar in der Weise, daß nach jedem Dia, das eine ganze Minute stehenbleibt, ein Dunkelintervall folgt.
Wenn Sie nun einen Film von 18 DIN (50 ASA) verwendet haben, und das Dia mit einer ganzen Stufe Unterbelichtung gefiel Ihnen am besten, dann wird künftig die Filmempfindlichkeit bei dem gleichen Film auf 21 DIN (100 ASA) eingestellt. Sie brauchen dann weiter keinen Gedanken mehr darauf zu verschwenden, daß Sie eigentlich eine Stufe kürzer belichten müssen, als der Belichtungsmesser das bei 18 DIN anzeigen würde.
Diese Probeprojektion machen Sie auf eine Leinwand in der Größe, wie Sie sie normalerweise für Ihre Diavorführungen verwenden. Je kürzer die Entfernung zwischen Projektor und Leinwand und je stärker ihr Projektor ist, desto dunkler können die Dias sein. Ferner müssen Sie noch überprüfen, wie Ihr Film auf Gegen– und Seitenlicht reagiert.
Aus dem Voraufgegangenen haben Sie wohl schon ableiten können, daß ich dafür plädiere, stets bei derselben Filmmarke zu bleiben. Je länger man nämlich mit dem gleichen Film Erfahrung gesammelt hat, desto besser weiß man auch, was unter gewissen Umständen noch machbar ist. Hinzu kommt aber auch noch eine spezifische Eigenschaft der Filme, deretwegen man Dias unterschiedlicher Filmmarken nicht untereinander vermischen kann. Jeder Farbfilm hat nämlich seinen eigenen Farbcharakter. Der eine Film neigt mehr zu rötlichen, während der andere mehr zu bläulichen Bildern neigt. In dieser Hinsicht kann man nicht behaupten, daß dieser oder jener Film besser sei. Farbe ist eben etwas, was man weitgehend subjektiv empfindet, und

deshalb hat da jeder, Fotograf wie Zuschauer, seine eigene Ansicht und sein eigenes Farbempfinden. Geschmackssache halt. Nur im Vergleich kann jeder einzelne feststellen, welcher Film ihm am besten gefällt. Dabei sollte man nicht nur auf die Farbwiedergabe achten, sondern auch auf die Wiedergabe von Weiß und Grau. Vor allem das helle Grau muß auf der Leinwand ohne Farbstich erscheinen.

Man kann einen Farbstich durch die Verwendung eines Korrekturfilters ausgleichen. Ein permanenter Blaustich läßt sich z. B. durch ein Farbkorrekturfilter in orangefarbenem Ton kompensieren. Welches Filter man aber genau braucht, das muß man ausprobieren. Hat man einmal das richtige Filter für eine Objektiv-/Filmkombination gefunden, braucht man das nicht mehr zu ändern, das Filter kann auf dem Objektiv bleiben, solange man bei dem gleichen Film bleibt.

Ich verwende fast immer ein Skylightfilter Nr. 1, das in den meisten Fällen auch ausreicht. Dieses hellrosa Filter nimmt ein Übermaß an blauem Himmelslicht – das sich vor allem auf der Schattenseite des Objekts bemerkbar macht – fort. Nur bei sehr tiefem Schatten vertausche ich es hin und wieder mal gegen ein Skylightfilter Nr. 2.

Andere Filter haben kaum einen Sinn, es sei denn, Sie streben ein absolut farbstichfreies Dia unter allen Umständen an. Aber dann wird die Sache ziemlich kompliziert, denn dazu brauchen Sie dann auch ein Farbtemperaturmeßgerät. Mir selbst geht es aber eigentlich nicht darum, absolut und im objektiven Sinn farbstichfreie Dias zu machen, sondern Dias, die gefallen. Und hier will ich noch einmal betonen, daß nur wenige Dinge in der Welt derart subjektiv sind, wie gerade das Farbempfinden. Das Bemühen um eine objektive Farbwiedergabe mag für Experimente im Laboratorium interessant sein, aber bei einer Diavorführung kommt es nun einmal darauf an, für das Auge angenehme Dias zu zeigen. Dazu braucht man keine Bilder, die für die Werbung eines Reiseunternehmens brauchbar sein mögen. Versuchen Sie, persönlich und subjektiv zu interpretieren, eine persönliche Note ist ja schließlich ohnehin subjektiv.

Weitere Eigenschaften

Außer dem Farbcharakter, der jedem Diafilm zu eigen ist, gibt es auch noch andere Qualitäten. Die Schärfe ist eine augenscheinliche Eigenschaft, die vor allem dann eine wesentliche Rolle spielt, wenn Sie von Ihren Dias auch noch Vergrößerungen auf Fotopapier machen wollen. In dieser Hinsicht steht Kodachrome 25 noch immer unübertroffen mit 100 Linien je mm an der Spitze. Die Trennfähigkeit aller anderen

Diafilme – einschließlich der übrigen Filme von Kodak – gibt weniger Linien je mm wieder. Aber man sollte das nicht überbewerten, den meisten Leuten fällt das nicht einmal auf.

Haltbarkeit (1)
Auf jeder Filmpackung ist ein Datum angegeben, bis zu dem der Film verwendet werden kann. Ich gebrauche meine Filme stets eine Weile vor Ablauf des Verfalldatums. Außerdem bewahre ich die Filme im Kühlschrank auf und hole sie wenigstens zwölf Stunden vor dem Einlegen in die Kamera heraus.
Einen wesentlichen Unterschied gibt es zwischen den normalen Filmen – die für Amateure hergestellt werden – und den professionellen Filmen. Der Unterschied zwischen diesen beiden Filmarten zeigt sich hauptsächlich darin, daß die professionellen Filme nach dem Belichten *schnellstens* entwickelt werden müssen, weil sonst das latente Bild nachlassen kann. Bei den Amateurfilmen kommt es darauf nicht so sehr an, obwohl man grundsätzlich einen Diafilm nicht übermäßig lange in der Kamera behalten sollte. Wenn Sie durch warme Zonen reisen (oder auch schon bei uns im Hochsommer), dann sollten Filme in einer Kühltasche aufbewahrt werden.

Haltbarkeit (2)
Auch die Haltbarkeit eines Dias spielt eine wesentliche Rolle. Alle Dias verblassen im Lauf der Zeit. Man kann eigentlich kaum mehr dagegen tun, als diesen Prozeß möglichst weit hinauszuzögern. Eine kühle, trockene Umgebung ist dabei schon von Vorteil. Natürlich sollte man Dias im Dunkeln aufbewahren. Wollen Sie Ihre Dias auch noch für die Nachfahren in ferner Zukunft aufbewahren, dann müßten Sie sie (die Dias, nicht die Nachfahren) in luftdichte Plastikbeutel verpacken und einfrieren. Vermutlich werden aber nur wenige Leser das für die Urlaubs- und andere Serien übrig haben. Man macht das aber heutzutage mit wissenschaftlichen Diaserien.

Die Verarbeitung des Dias nach dem Entwickeln

Ehe man ein Dia projizieren kann, muß man es zunächst einmal rahmen. Manche Filmhersteller schicken die Filme nach dem Entwickeln in Rähmchen aus Karton oder Plastik zurück. Das ist sehr gut für die erste Betrachtung, aber zu einer einwandfreien Vorführung ist das unbrauchbar. Da ein glaslos gerahmtes Dia sich bei der Projektion im-

Wenn man viele Dias zu rahmen hat, dann ist ein solches Gerät zum Rahmen sehr praktisch.

mer leicht wölben wird, kann man die Gesamtfläche niemals scharf projizieren. Entweder ist die Mitte scharf, oder die Ränder sind es.
Will man diesem Übel abhelfen, dann muß man ein Rähmchen verwenden, bei dem zwei dünne Glasplättchen dafür sorgen, daß das Dia flach anliegt.
Der Handel bietet zahlreiche Marken an, die alle Vor- und Nachteile haben. Im allgemeinen werden sich diejenigen Rähmchen bewähren, deren Bildbegrenzung aus Aluminium gestanzt ist. Die anderen Arten zeigen am Bildrand zuweilen Fasern, die sich auf der Leinwand dann leicht so ausmachen, als sei das Dia in eine ausgefranste Hose gerahmt.
Für die Überblendprojektion braucht man Präzisionsrähmchen, deren Bildumrandung stets auf genau derselben Stelle des Rähmchens sitzen muß.
Rähmchen unterschiedlicher Marken lassen sich meist nicht in loser Folge zueinander projizieren, weil sie nicht gleich dick sind. Entschei-

den Sie sich deshalb von vornherein für Rähmchen eines guten Fabrikates und bleiben Sie dann dabei.
Zum Einrahmen der Dias muß man einige Vorbereitungen treffen.
Arbeiten Sie dabei in einem Zimmer, in dem niemand herumläuft, während Sie beschäftigt sind. Der Arbeitstisch muß eine glatte Fläche haben, die zuvor mit einem feuchten Tuch abgewischt wird. Tragen Sie selbst glatte Kleidung aus Nylon oder glatter Baumwolle, aber keinesfalls einen warmen Pullover, von dem bei der geringsten Bewegung Staubteilchen oder Fasern in die Umgebung kommen.
Stellen Sie nun folgende Geräte bereit: ein Leuchtpult, eine Lupe (etwa 8-fach vergrößernd), eine Schere, ein Diaschneidegerät, ein stabiles scharfes Messer und eventuell eine Pinzette. Ferner brauchen Sie noch einen Gummiball mit Blasöffnung um Staub fortzublasen und einen breiten Staubpinsel. Wenn von den Glasplättchen Fingerabdrücke zu beseitigen sind, dann verwenden Sie Objektiv-Reinigungstücher aus Japanpapier oder ein mehrfach gewaschenes Taschentuch aus Baumwolle.
Die relative Luftfeuchtigkeit des Zimmers spielt eine Rolle. Sie darf fünfzig Prozent nicht überschreiten.
Das Diarähmchen hat eine weiße und eine dunkle Seite. Das Dia muß so in das Rähmchen gelegt werden, daß die weiße Seite bei der Projektion der Lampe zugewandt ist.
Jetzt wird ein Dia vom Streifen abgeschnitten, oder es wird mit dem Messer aus dem Papprähmchen herausgepult. Das Rähmchen wird dabei gewissermaßen aufgebrochen. Dann wird das Dia mit dem Blaseball staubfrei geblasen und in einer Hälfte des neuen Rähmchens in Position gebracht. Da das Innenmaß der Umrahmung meist 23 × 35 mm groß ist, bleibt Ihnen noch hinlänglich Raum für Korrekturen, zum Beispiel um den Horizont geradezurücken. Natürlich haben Sie schon bei der Aufnahme versucht, das Bild genau zu begrenzen, aber dennoch ist man meist noch auf diese Möglichkeit zu kleinen Nachkorrekturen angewiesen.
Dabei kann man eventuell die Pinzette zu Hilfe nehmen. Danach kann man die andere Hälfte des Rähmchens auf das Dia und die untere Rahmenhälfte setzen.
Ehe Sie nun das Rähmchen zusammenpressen, wird das Ganze auf das Leuchtpult gelegt, und da kann dann durch die Lupe geprüft werden, ob noch Staub dazwischensitzt. Ist alles staubfrei, dann kann das Rähmchen geschlossen werden.
Danach erfolgt dann noch eine letzte Kontrolle, und anschließend

kann man das Dia eventuell mit einem Merkzeichen versehen. Dieses Zeichen klebt man im allgemeinen an die Rahmenecke rechts oben. Aber wohlgemerkt: rechts oben, wie das Dia in den Projektor geht. Das Bild steht dann auf dem Kopf, der glänzende Filmrücken ist dann der Lampe zugewandt.
Für dieses Merkzeichen können Sie farbige selbstklebende Etikettchen verwenden, aber auch selbstklebende Nummern eignen sich gut, man kann mit ihnen gleich archivieren. Beide Arten können Sie übrigens im Fotofachgeschäft kaufen.

Newton'sche Ringe

Dias zwischen Glasplättchen können Newton'sche Ringe zeigen: einen merkwürdig gefärbten ölähnlichen Fleck, der in Bewegung gerät, sobald das Dia während der Projektion warm wird. Zwar haben glaslose Rähmchen diesen Nachteil nicht, aber neben den zuvor genannten Problemen können die Dias bei ihnen sehr leicht beschädigt werden. Die Newton'schen Ringe lassen sich durch Verwendung einer speziellen Glassorte vermeiden. Die Oberfläche dieser Anti-Newton-Gläser ist leicht aufgerauht. Die Newton'schen Ringe zeigen sich übrigens auch nicht, wenn das Dia tatsächlich absolut trocken gerahmt wurde. Deshalb sollte der Arbeitsraum ja auch weniger als fünfzig Prozent Luftfeuchtigkeit aufweisen. Aber auch wenn die Dias beim Rahmen trocken sind, können sie später noch Feuchtigkeit anziehen, zum Beispiel wenn Sie die Diaserie an einem Herbsttag im Kofferraum eines Automobils transportieren. Eine Pferdekur ist es in so einem Fall, wenn man die Diakoffer vor der Vorführung eine Weile auf die Zentralheizung stellt. Besser ist es, wenn man die Diakästen in einer Blechtrommel aufbewahrt, in der man auch einen Beutel mit Silicagel hat. Dies ist ein feuchtigkeitsanziehendes Kristall, das Sie in der Drogerie kaufen können.

Merken Sie sich die Reihenfolge

Hat man erst einmal eine Reihenfolge aufgestellt, dann sollten die Dias auch mit einem Filzstift gekennzeichnet werden. Dazu stellen Sie das offene Magazin mit den Dias vor sich auf den Tisch und legen ein Lineal von rechts vorn nach links hinten, also schräg, über die Dias und ziehen einen langen Strich. Vor der Vorführung können Sie so schon mit einem einzigen Blick feststellen, ob alle Dias auf ihrem Platz

stehen. Stünde eines (oder mehr) der Dias nicht auf seinem Platz, dann hätte die schräge Linie an dieser Stelle einen Zacken. Hat man zwei Projektoren, dann wird das zum rechten Projektor gehörige Magazin mit einem Strich von rechts vorn nach hinten links und das andere Magazin in umgekehrter Richtung gekennzeichnet. Damit kann man auch einer Links-Rechtsverwechslung zuvorkommen.
Und schließlich wird auch noch der Titel auf die Außenseite des Magazins geschrieben, eventuell mit einem Hinweis auf das dazugehörige Tonband.

Kapitel III

Die Reproduktion von Dias

Für die Anfertigung einer Dia-Reproduktion kann es ganz unterschiedliche, zuweilen sogar zwingende Gründe geben. Wenn Sie zum Beispiel eine Diaserie haben, die in einem fernen Land aufgenommen wurde, das man nur mit großem Kostenaufwand wieder besuchen könnte. Sollte so ein Dia verlorengehen, dann wäre das katastrophal. Wiederholen kann man das Dia dann nicht mehr.
Aber man braucht nicht unbedingt an einen katastrophalen Verlust zu denken, um einen Grund für eine Reproduktion des Dias zu haben. Sie können auf diese Weise nämlich auch Ihre eigenen Dias mit denen eines Freundes ergänzen.
Überdies kann man beim Reproduzieren auch bestimmte Qualitätsverbesserungen oder Stimmungsänderungen durchführen. Und schließlich kann man auch Bildausschnitte hervorheben, indem man Details vergrößert.
Bei der Reproduktion kann man übrigens auch Titelschriften einkopieren.

Geräte

Zur Reproduktion von Dias braucht man ein Balgengerät, an das ein Diakopiergerät gekoppelt wird. Im Grunde ist dies nichts anderes, als eine Vorrichtung, mit der man das Dia genau parallel vor den Film setzen kann. Und schließlich braucht man noch eine Lampe. Eine normale Fotolampe reicht aus. Man kann auch ein Handblitzgerät benutzen. Sehr gut ist es, wenn man sich ein Diakopiergerät mit eingebautem Blitz anschafft. Das lohnt sich vor allem dann, wenn Sie zahlreiche Diareproduktionen anfertigen.

Die Kamera

Die Kamera ist eigentlich bei allem noch immer das problematischste Gerät.
Weitaus die meisten Spiegelreflexkameras zeigen ein Sucherbild, das etwas weniger zeigt, als das Dia später wiedergeben wird. Im allgemeinen bringt das Sucherbild etwa 92 Prozent des tatsächlichen Bildes.

Ein einfaches, aber sehr brauchbares Gerät zum Anfertigen von Duplikat-Dias.

Um hier zu einer praktischen Erfahrung zu kommen, muß man Probeaufnahmen machen. Bei renomierten Markenkameras, wie Leica und einzelnen Nikon-Modellen, zeigt das Sucherbild 100 Prozent der tatsächlichen Aufnahme.

Schwarzweiß

Wir wollen zunächst einmal eine Möglichkeit betrachten, die in dieser Zeit der preiswerten und perfekten Farbfilme kaum noch zur Anwendung kommt, die aber gerade deshalb Ihren Programmen eine Belebung und einen besonderen Akzent vermitteln kann.
Auf einer Reise durch Kaschmir fühlte ich mich betroffen, als ich die himmelschreiende Armut der Menschen erkannte, die sauber getrennt von den Touristen dahinvegetieren. Das Leben der Urlauber spielt sich dagegen in den großen Luxushotels ab, die noch aus der Zeit der Kolonialherrschaft erhalten sind.
Um diesen Kontrast zu unterstreichen, setzte ich hinter einer Reihe prächtiger Farbfotos des Luxuslebens eine Anzahl von Schwarzweißaufnahmen, die ich in den Slums machte. Damit vermied ich den Effekt der ›malerischen Armut‹, den wir wohlgenährten Europäer so gern als Urlaubserinnerung auf den Film bannen.

Zur Erreichung spezieller Effekte kann man die Schwarzweißdias auch monochrom umfärben. Dazu gibt es im Handel Chemikalienzusammenstellungen für die einfache Schwarzweißfotografie.
Der ganze Vorgang ist eigentlich recht einfach.
Ein Negativ wird in den Negativhalter des Gerätes gelegt. Zu einer Reproduktion im Verhältnis 1 : 1 stellt man die Entfernung zwischen Filmoberfläche und Negativ auf das Vierfache der Brennweite ein. Dann wird scharfeingestellt, ohne dabei die Entfernung zwischen Negativ und Film zu verändern.
Der Abbildungsmaßstab wird so genau 1 : 1 werden. Sollte sich bei der Überprüfung herausstellen, daß der Abbildungsmaßstab nicht stimmt, dann ist die Ursache darin zu suchen, daß manche Objektive eine andere Brennweite haben, als sie angegeben wurde. Ein Objektiv mit einer normalen Brennweite von 50 mm kann z. B. in der Praxis 49 mm haben. Solch eine Abweichung, die es in den Herstellertoleranzen gibt, ist aber kein Beinbruch. Man muß das eben nur bei den folgenden Aufnahmen berücksichtigen.
Will man die Abweichung genau feststellen, dann sollte man einfach ein Lineal fotografieren, und dies dann im Negativ nachmessen.

Das Licht

Welche Lichtquelle Sie verwenden, spielt keine nennenswerte Rolle. Jede Fotolampe kann verwendet werden. Allerdings empfielt sich bei der Verwendung einer Halogenlampe der zusätzliche Gebrauch eines Ventilators, um so für die nötige Kühlung zu sorgen. Man kann auch ein Blitzgerät ohne Computer verwenden. Wenn aber eine Einstellampe fehlt, dann ist das Scharfeinstellen eine mühsame Angelegenheit.
Gleichmäßige Negative ohne hohe Kontraste lassen sich mit dem in der Kamera eingebauten Belichtungsmesser leicht messen. Sobald aber das Bild starke Kontraste aufweist, oder wenn es sich um Fotos von Schneelandschaften o. ä. handelt, ist diese Methode nicht mehr durchführbar.
Zwei Methoden gibt es, mit jedem Negativ ein einwandfreies Resultat zu erreichen.
Die erste und empfehlenswerteste Methode besteht darin, das Licht mit einem Belichtungsmesser zur Lichtmessung – bei Verwendung eines Blitzgerätes mit einem Blitzbelichtungsmesser für Lichtmessung – zu messen. Dabei wird die Diffusor-Kalotte auf die Lampe gerichtet. Die Zeit, die für eine Blende 11 abgelesen wird, wird mit dem Faktor

vier vervielfältigt. Ein guter Belichtungsmesser hat dazu eine spezielle Einstellung, so daß Sie die richtige Zeit ohne langes Rechnen ermitteln können.
Jetzt ist es gut, wenn Sie ein paar Probeaufnahmen machen, um zu prüfen, ob das Resultat auch der Absicht entspricht, vor allem auch hinsichtlich der für die Projektion gewünschten Gradation. Auch hier spielt die Leuchtstärke des Projektors eine ausschlaggebende Rolle. Hat man einmal ein gutes Resultat erreicht, dann braucht man später nur noch dafür zu sorgen, daß die Lichtmenge, die das Opalglas des Kopiergerätes beleuchtet, mit der der Probeeinstellung übereinstimmt.
Die zweite Methode ist umständlich und setzt einen eingebauten Belichtungsmesser voraus.
Nehmen Sie das Negativ aus dem Halter, und messen Sie die Lichtmenge, die durch das Opalglas fällt. Das Negativ wird dann wieder an seinen Platz gebracht und nun macht man eine ganze Reihe von Probeaufnahmen in Abstufungen von gänzlich unter- bis überbelichtet. Wählen Sie dann aus dieser Reihe die zur Projektion am besten geeignete Aufnahme aus. Notieren Sie die Angabe des Belichtungsmessers und die angesetzte Zeit, die vermutlich in keinem Verhältnis zueinander stehen. Auch hier wird bei der nächsten Gelegenheit die Lampe stets so eingestellt, daß die Angabe des Belichtungsmessers wieder erreicht wird. Danach kann mit der experimentell herausgefundenen Zeit belichtet werden.

Empfohlenes Material
Zur Anfertigung von Schwarzweißdias bietet der Handel verschiedenartiges Material an. Am leichtesten läßt sich ein geringempfindlicher Dokumentenfilm verarbeiten, wie z. B. der Agfa Ortho 25. Nach Möglichkeit sollte man diesen in Rodinal entwickeln, wenngleich man auch mit einem normalen Papierentwickler hier zu guten Resultaten kommt. Wenn man Rodinal verwendet und die Verdünnung variiert, kann man fast jede Gradation zwischen sehr weich und sehr hart erhalten. Für mittlere Negative – ›normal‹ – nehme ich eine Verdünnung von 1:25 und komme bei einer Entwicklungszeit von sechs Minuten stets zu einem guten Resultat.
Weiche Negative werden während derselben Zeit in einer Verdünnung 1:10 entwickelt, harte Negative kommen am besten in einer Verdünnung 1:50 heraus, aber bei einer Entwicklungszeit von etwa acht Minuten.

Vorsätzlich habe ich im vorigen Satz das Wort ›etwa‹ eingefügt. Ich möchte unterstreichen, daß jeder einzelne Diafotograf auch dem einen oder anderen Aussehen des Dias den Vorzug gibt, und so kann er dem Dia seine persönliche Note geben, wenn er die Entwicklungszeit ein wenig variiert. Außer dieser persönlichen Vorliebe gibt es ja auch noch, wie bereits gesagt, die Anforderungen, die der Projektor stellt. Ein Projektor mit einer schwächeren Lampe fordert ein weniger gedecktes Dia als der Projektor mit einer 250 Watt Lampe vor der Perltuch-Leinwand. Nur mit einigem Experimentieren kommt man hier zu befriedigenden Ergebnissen.

Die Entwicklung

Agfa Ortho muß ständig bewegt werden. Das kann man mit der Hand machen, aber ich erhielt auch hervorragende Resultate mit einem automatischen Rotationsgerät, wie es z. B. von Philips und Unicolor gefertigt wird.

Will man die Dias umfärben, so kann man diese Bearbeitung anschließend in derselben Trommel durchführen.

Sortieren

Aus dem Vorhergehenden können Sie ableiten, daß die Negative zuerst einmal nach Gradation sortiert werden müssen. Alle Negative der Gradation *normal* werden auf einen einzigen Filmstreifen reproduziert und dann gesondert entwickelt. Es empfiehlt sich die Anschaffung eines Kassettenfüllapparates, auf dem die Zahl der eingespulten Bilder abgelesen werden kann. So kann man dann für jede Gradation der Negative Kassetten präparieren, die die genau erforderliche Anzahl von Bildern enthalten.

Weitere Bearbeitungen

Wie bereits bemerkt, können diese Schwarzweißdias auch in eine Farbe getont werden. Schwierig ist das nicht. Man kann die einfachen althergebrachten Tonungen verwenden, die nach dem Prinzip der nochmaligen Entwicklung arbeiten. Damit läßt sich aber nur eine begrenzte Anzahl von Farben erreichen. Einfacher ist es – und überdies hat man dabei eine vielfältige Farbskala zur Wahl – wenn man z. B. einen Umfärbeset von Tetenal verwendet. Damit kann man das Schwarzweißbild in alle möglichen Farben umtonen. Ferner kann man die sogenannten Farbkuppler verwenden, die von Agfa-Gevaert geliefert werden.

Braune und blaue Farben haben einen besonders nostalgisch wirkenden Effekt. Grünliche und rötliche Farbtöne eignen sich bei der Projektion ebenfalls sehr gut und können hervorragende Effekte hervorrufen. Da solche einfarbigen Dias nur selten gezeigt werden, werden sie gewiß Aufmerksamkeit erregen.
Auch von Hand kann man das Dia umfärben. Allerdings muß man dann entweder hervorragende Augen oder eine sehr gute Lupe haben. Mit den Retuschepinseln in kurzhaariger Fassung der Nummern 1 oder 0 lassen sich nach einiger Übung sehr schöne Bilder hervorbringen. Als Farbmaterial verwendet man dabei Schmincke Diafotofarbe (Eiweißlasur) oder Cibachrome Retuschfarbe. Die letztgenannte Sorte ist lichtbeständiger.
Versuchen Sie's mal. Es mag zunächst zwar fast unmöglich erscheinen, auf solch einem kleinen Dia genau eine winzige Fläche einzufärben, aber mit Geduld und Spucke sowie einer ruhigen Hand ist es bestimmt leichter, als man es im ersten Augenblick für möglich hält.
Den gleichen Effekt, den eine Vergrößerung auf einfarbigem Fotopapier hervorruft, kann man auch herausholen, wenn man ein Dia zusammen mit einem Stückchen farbigen Cellophans einrahmt. Und ich habe auch schon einmal sehr interessante Dias gesehen, die mit Filzstiften eingefärbt wurden.

Austupfen
Es gibt eine Bearbeitungsart, die man auf Dias so gut wie nicht zu Wege bringt, und das ist das bekannte Austupfen. Durch den speziellen Charakter der Emulsion will es nicht gelingen, Pünktchen auszutupfen, ohne daß ein kleiner Kreis um das ursprüngliche Fleckchen entsteht.
Bei der Anfertigung von Reproduktionen empfiehlt sich deshalb die äußerste Sorgfalt und Sauberkeit.

In Farbe

Wer den Versuch unternimmt, ein vorhandenes Dia in Farbe mit einem normalen Farbumkehrfilm zu reproduzieren, wird schon bald bemerken, daß die Gradation der Reproduktion zu hart wird.
Erheblich besser wird das Ergebnis, wenn man für die Reproduktion einen empfindlichen Film verwendet, zum Beispiel den Ektachrome 160 ASA (23 DIN). Aber auch hier gibt es noch Fehler in der Grada-

tion. Eine spürbare Verbesserung läßt sich erreichen, wenn man eine Vor- oder Nachbelichtung gibt, zu der man einen Bruchteil der Belichtungszeit ansetzt, die man für die Aufnahme selbst verwendete.
Zu so einer Vorbelichtung muß die Kamera so eingerichtet sein, daß Doppelbelichtungen möglich sind. Die meisten Spiegelreflexkameras lassen Doppelbelichtungen zu. Die Vorbelichtung erfolgt nun durch ein neutrales Graufilter mit der Deckung 1,8 bei gleicher Zeit, mit der auch die Reproduktion des Dias gemacht wird.
Das Filter N 1,8 wird aus zwei Gelatinefiltern gemacht, von denen eines die Deckung 1,0 und das andere 0,8 hat. Aus diesen Filtern schneidet man Stückchen in der Größe 49 × 49 mm aus, die zwischen Glas gerahmt werden.
Die Reihenfolge der Arbeiten ist also folgende:
1. Kamera auf Doppelbelichtung einstellen.
2. Graufilter N 1,8 in den Diahalter des Kopiergerätes einlegen.
Es spielt übrigens keine Rolle, wo man das Filter zwischen Objektiv und Lampe setzt. Es kann ebensogut auf das Kameraobjektiv gesetzt werden, das ist nur umständlicher.
3. Belichten mit der Zeit, die auch für das Dia gilt.
4. Graufilter entfernen.
5. Dia in das Kopiergerät einlegen.
6. Mit derselben Zeit nochmals belichten.
7. Film transportieren.
Durch die Vorbelichtung wird das Filmmaterial weicher, und in den meisten Fällen erhält man so ein befriedigendes Resultat.
In den speziellen Geräten zur Anfertigung von Diareproduktionen wird die Nachbelichtung durch ein raffiniertes Spiegelsystem geregelt. Dabei braucht man dann nur einmal zu belichten. Zu den besten Resultaten kommt man, wenn man den Kodak Ektachrome Slide Duplicating Film 5071 verwendet. Bis vor kurzem war dieser Film Amateuren eigentlich kaum zugänglich, weil er nur in Rollen von 30 m Länge geliefert wurde. Aber jetzt wird er auch in Kassetten von 36 Aufnahmen geliefert. Dieser Film ist eigens auf die Verwendung von Elektronenblitzlicht abgestimmt.

Farbverschiebung
Zuweilen stellt man im Duplikat recht unangenehme Farbverschiebungen fest. Diese sind meist auf den Schwarzschild-Effekt zurückzuführen. Fordern Sie beim Hersteller eine Reziprozitätstabelle für den von Ihnen benutzten Film an. Sollten danach noch immer Farbver-

schiebungen auftreten, dann dürfte es mit der Farbtemperatur der Lampe, die Sie verwenden, nicht so ganz stimmen. Man kann so eine Farbverschiebung durch normale CC-Filter (Color Compensating) beheben.

Das Verbessern von Dias

Bei der Reproduktion lassen sich Fehler eines Dias bis zu einem gewissen Grade beheben. Man kann ein leicht unterbelichtetes Dia bei der Reproduktion etwas länger belichten, so daß es ein wenig heller wird. Dias mit einem Farbstich können durch ein CC-Filter der entsprechenden Deckung reproduziert werden, und dadurch werden sie wieder ansehnlich. Aber natürlich darf man davon keine Wunder erwarten.

Unterbelichtungen um mehr als eine halbe Stufe sollte man besser mit einer chemischen Retusche korrigieren.

Weitere Fehler, die sich leicht beheben lassen, sind schiefstehende Türme und nicht horizontal verlaufende Horizontlinien. Falls dieser Mißstand so schlimm ist, daß man ihn beim Rahmen nicht beheben kann, dann kann man das auf dem Umweg über eine Reproduktion im Verhältnis 1 : 1 beheben.

Vergrößern

Details aus Dias lassen sich leicht vergrößern. Aber das hat natürlich Grenzen, die durch das Korn und die Schärfe des Originalfilms gezogen werden. Wie ich bereits zuvor bemerkte, steht Kodachrome 25 unbestritten an der Spitze mit einem Trennvermögen von 100 Linien pro mm. Von diesem Film läßt sich leicht eine Reproduktion von etwa zweifacher Größe machen, ohne daß man das Korn nun gleich als störend empfindet.

Und verkleinern

Natürlich kann man Dias auch verkleinern. Ein Abschnitt aus einem Dia 6 × 6 cm kann so in ein Kleinbilddia umgesetzt werden. Und man erzielt einen recht interessanten Effekt, wenn man ein Dia, zum Beispiel das letzte einer Serie, ›weglaufen‹ läßt, etwa so, wie wenn man ein Foto vor Augen hält und das dann langsam weiter entfernt. Vor allem bei der Überblendprojektion macht sich das gut. Die erste Projektion wäre dann das Originaldia, das nächste eines im Verhältnis 1:2, darauf folgt 1:4 und so weiter, bis das Bild schließlich nur noch briefmarkengroß auf der Leinwand erscheint.

Einkopieren von Titeln

Wenn Sie Titeldias gemacht haben, wie es weiter unten noch beschrieben wird, dann können diese leicht langweilig wirken. Schöner ist es oft, wenn man diese Texte mit einem vorhandenen Dia kombiniert. Dazu benötigt man ein Originaldia und ein Dia, in dem die Schrift weiß auf einem schwarzen Untergrund erscheint. Nachdem die Aufnahme vom Hintergrunddia gemacht ist, wird nun nicht transportiert, sondern der Verschluß wird gespannt, wie für eine Doppelbelichtung. Das Farbdia wird nunmehr durch das Textdia ersetzt und jetzt wird nochmals belichtet. Dadurch wird an der Stelle der Schrift das Hintergrunddia gewissermaßen weggeätzt: im ursprünglichen Dia entstehen jetzt rein weiße Buchstaben. Wenn Sie es nicht so weiß haben wollen, dann hindert nichts sie daran, ein Farbfilter vor die Lampe zu setzen. So ein Farbfilter kann aus einem einfachen Stück farbigen Cellophans bestehen.
In dieser Manier kann man auf das Hintergrunddia nur weiße oder farbige Schrift auftragen. Wenn Sie schwarze Buchstaben haben wollen, dann gehen Sie von einem Dia aus, in dem die Schrift schwarz ist. Dieses Dia wird als Sandwich zusammen mit dem Hintergrunddia gerahmt und anschließend in einer Belichtung reproduziert.
Diese ziemlich umständliche Methode ist nur selten erforderlich. Weiße Schrift ist im allgemeinen selbst auf minimal gefärbtem Hintergrund noch deutlich lesbar. Nur in Ausnahmefällen muß man zu den schwarzen Lettern greifen.

Das Anfertigen von Titeln

Die Schriftdias, die im voraufgegangenen Abschnitt besprochen wurden, entstanden als Reproduktionen. Die gebräuchlichste Methode, die dazu benötigten Titel zusammenzustellen, besteht darin, den Text mit einer Anreibeschrift auf Karton oder Papier zu setzen. Anreibeschriften erhält man in Schreibwarengeschäften und im Zeichenfachhandel, und das Sortiment enthält nicht nur Schriften und Symbole, sondern auch Linien und Zeichnungen.
Die Kartons brauchen nicht sonderlich groß zu sein. Ich verwende meist das Format 12 × 18 cm, aber auch 24 × 36 cm eignet sich sehr gut. Der Karton wird auf allen Seiten 5 cm größer gewählt. Darauf wird dann zuerst die Fläche von 12 × 18 cm abgegerenzt. Nun zählt man die Buchstaben und mißt auf der Druckvorlage, wieviel Raum der Text

mit den betreffenden Lettern wohl einnehmen wird. Reicht der Platz nicht aus, dann muß man einen kleineren Schriftgrad nehmen. Für Titel eignet sich im allgemeinen eine Schriftgröße von 24 oder 36 Punkt.

Solch ein Dia eignet sich besonders gut für eine Titelschrift

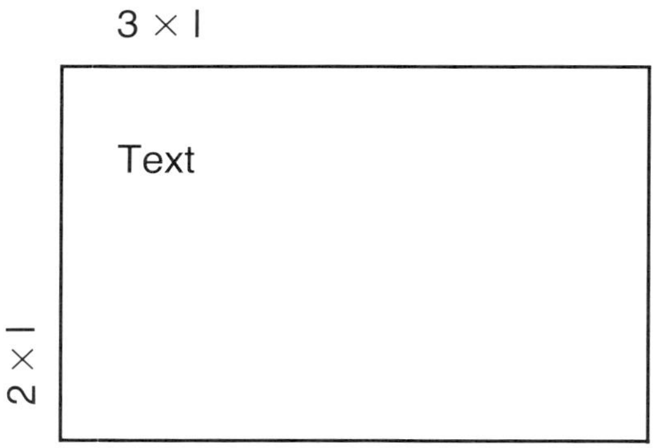

Das Layout

Mit dem Wort Layout bezeichnet man die Skizze zur Text- und Bildgestaltung, und darüber lassen sich ganze Bücher füllen. Hier sollen aber nur ein paar allgemeine Hinweise folgen.

Entscheiden Sie sich zunächst für eine symmetrische oder asymmetrische Einteilung. Falls der Text später mit einem Dia kombiniert werden soll, dann muß der Platz natürlich berücksichtigt werden, der im Dia für den Text zur Verfügung steht. Bei einer geplanten asymmetrischen Einteilung unterteilt man die Fläche zunächst einmal in vier Abschnitte, indem man vertikal und horizontal halbiert. Damit die Ruhe bei der Projektion nicht gestört wird, werden alle Titel im gleichen Raum untergebracht. Es wirkt äußerst unruhig, wenn der Text einmal rechts und ein andermal links unten im Bild erscheint.

Auf den Karten sollte daher auch nicht zuviel Text stehen. Im allgemeinen nicht mehr als einzelne Wörter, aber ganz gewiß nicht mehr Text, als Sie in vier Sekunden in normalem Sprechtempo vorlesen können.

Titel müssen einfach und übersichtlich sein. Sollte die Gefahr bestehen, daß zuviel Text auf ein Dia kommt, dann sollten Sie diesen Text besser auf eine Reihe von Karten verteilen. Ein Beispiel möge das verdeutlichen. Den Text ›Diese Dias wurden im Sommer 1980 im Himalajagebirge von Hans Götze gemacht‹ kann man folgendermaßen dreiteilen:

1. Sommer 1980
2. Himalajagebirge
3. Aufnahmen Hans Götze

Die Projektionszeit sollte dabei nicht länger als zwei Sekunden je Dia dauern. Verwenden Sie keine Phantasieschriften, es sei denn, daß es dafür wirklich einen triftigen Grund gibt. Am besten eignen sich ganz einfache Lettern ohne Querbalken und Häkchen, wie zum Beispiel die Schriften Helvetica, Univers oder Futura.

Geben Sie mit den Titeln wesentliche Information. Den Namen der Reihe, den Ort der Aufnahmen, Namen von Mitarbeitern und Fotografen. Nicht viel mehr. Daten werden nur dann genannt, wenn sie wesentlich zum Verständnis beitragen.

Schlußtitel

Man braucht nicht unbedingt ein Dia mit dem geistreichen Text ›Ende‹ zu bringen, um dem Zuschauer klarzumachen, daß es vorbei ist. Wenn das letzte Dia z. B. einen Sonnenuntergang wiedergibt, dann ist das für moderne Menschen zugleich das Signal ›Ende‹.

Nun ist aber ein Sonnenuntergang am Ende einer Serie nicht gerade übermäßig originell. Und manche Reihen eignen sich nicht einmal dazu, daß man ihnen ein klares Schlußfoto anhänge. Dann könnte es notwendig sein, als letztes ein Dia mit dem Wort ›Ende‹ zu projizieren. Im übrigen wird das Ende einer Diavorführung auch durch einen Schlußakkord der Begleitmusik oder durch den Kommentar angezeigt.

Titelreproduktion

Die Karte mit dem Text wird auf einen flachen Tisch gelegt und eventuell mit einer Glasplatte angedrückt. Wenn der Karton dick und damit stabil genug ist, erübrigt sich die Glasplatte.

Zwei Lampen werden beiderseits in einem Winkel von 45° oder weniger aufgestellt, der Winkel wird dabei zur Tischfläche gemessen. Mit dem Belichtungsmesser prüft man nun, ob der Karton in der Mitte und in den Ecken gleichmäßig ausgeleuchtet ist. Ist das nicht der Fall, dann sorgt man für Abhilfe, indem man die Lampen zum Beispiel etwas weiter entfernt. Dann kann die Belichtung eingestellt werden. Hat ihre Kamera einen eingebauten Belichtungsmesser, dann ist die Verwendung einer Kodak Graukarte unumgänglich. Mit ihr gibt sogar der

eingebaute Belichtungsmesser ein zuverlässiges Meßresultat. Als Filmmaterial verwenden Sie wieder Agfa Ortho 25 oder einen gleichermaßen harten Film mit steiler Gradation.
Da weitaus die meisten Objektive für die Amateurfotografie aus geringer Entfernung zu einer tonnenförmigen Verzeichnung neigen, muß man stark abblenden. Die kleine Blende erübrigt sich aber, wenn Sie ein spezielles Makroobjektiv verwenden, das auf diesen Verzeichnungsfehler hin korrigiert ist.
Der Film wird in Rodinal 1 : 10 oder in einem speziellen lithographischen Entwickler entwickelt. Die Schwärzung muß so intensiv sein, daß Sie später bei der Projektion keine Umrandung mehr erkennen können.
Die Lettern können mit einem einfachen Filzstift gefärbt werden.
Man kann die Titeldias einfach ›trocken‹ projizieren. Mit zwei Projektoren und einem guten Überblendgerät kann man den Text aber auch über die ersten Bilder der Diaserie hin projizieren. Einige dieser Geräte, wie das Simda, bieten noch eine Möglichkeit, die man Twinkel nennt: der Text leuchtet dabei ganz kurz auf, wie in einer Neonreklame.

Andere Titelbeschriftungen

Man kann die Buchstaben auf ein normales Farbfoto kleben. In diesem Fall können wahlweise weiße oder schwarze Lettern verwendet werden. Zur Reproduktion verwendet man nun Farbumkehrfilm.
Interessanter wirkt so ein Titel, wenn man die Buchstaben auf einer Glasplatte anbringt. Diese wird dann ein paar Zentimeter über dem Farbfoto aufgelegt. Dann wird bei großer Blende auf die Schrift scharf eingestellt. In der Reproduktion bekommt man so eine scharfe Schrift vor einem unscharfen Hintergrund.

Oben: Beim Einstellen und Scharfeinstellen erweisen sich Testdias als zuverlässige Helfer. ▶
Unten: Große Flächen in primären hellen Farben ziehen die Aufmerksamkeit auf sich.

during demonstrations with your dealer,
certain - you will require perfect definiti
good separation of colours and maxim
the projection distance. In fact, you wi
projector to give you these things, a
LEITZ projectors is such that you can e
other general requirements. The importa
you will always be buying LEITZ QUALIT
choose a new projector there are numerous q
be answered: "What are you looking for in y
Pradix
LEICAFLEX
Leica
LEICAFLEX
Leica
LEICAFLEX
Leica
LEICAFLEX
Leica
LEICAFLEX
Leica
TEST-SLIDE · TEST-SLIDE · TEST-SLIDE · TEST-SLIDE · TEST-SLIDE · TEST-SLIDE
olux 24
Leitz
PRADIX 150 watt
MANUAL OPERATION
Leitz
PRADOLUX 24
SEMI-AUTOMATIC
Leitz
PRADOVIT COLOR
FULLY AUTOMATIC
Leitz
PRADIX 150 watt
MANUAL OPERATION
Leitz
PRADOLUX 24
SEMI-AUTOMATIC
Leitz
Pradovit Co
Leitz
A GIANT IN
MINIATURE
you choose a new projector there are numerous
to be answered: "What are you looking for in
jector?" "Are you more interested in manual
azine-loading, or a fully automatic model?"
onsideration one of interchangeable lens-
ol including focus, or synchronising with
" You have to sort out these requirements
ations with your dealer, but one thing is
require perfect definition on the screen,
of colours and maximum brilliance over
distance. In fact, you will need a LEITZ
give you these things, and the range of
ctors is such that you can easily satisfy your
eral requirements. The important thing is that
will always be buying LEITZ QUALITY. When you
choose a new projector there are numerous questions to

Kapitel IV

Bildaufbau (1)

Da Dias in unmittelbarer Folge gezeigt werden, muß man an die kompositorischen Eigenschaften andere Anforderungen stellen, als an jene von normalen Fotos.

Hoch- oder Querformat
Zunächst ist da also einmal die Frage, ob man nun im Hoch- oder im Querformat fotografieren sollte. Ich habe schon oft die Behauptung gehört, daß eine Diaserie unbedingt im Querformat fotografiert werden **muß**. Dem kann ich aber keinesfalls zustimmen, denn es gibt für solch eine Forderung wirklich keine stichhaltige Begründung.
Die Neigung zum Querformat ist wohl sehr stark beeinflußt durch die traditionelle Kinoleinwand und den Bildschirm des Fernsehens. Man sollte sich wirklich fragen, ob die Diafotografen, die da auf das Querformat schwören, nicht allzu ängstlich sind, daß sie neben dem großen Bruder Kino nicht für voll genommen werden.
Dias im Hochformat sind den anderen absolut gleichwertig, zuweilen ist das Hochformat die einzige Lösung, um zu einem brauchbaren Bild zu kommen. Ich meine, daß man sonst auch in merkwürdige Gewissenskonflikte geraten könnte, wenn man etwa eine architektonische Bildreihe über Kirchtürme zusammenstellen will.
Ferner wird die Neigung zum Querformat wohl auch noch durch den beliebtesten Kameratyp, die Spiegelreflex, gefördert. Mit dieser Kamera fotografiert man nun einmal am bequemsten im Querformat. Müssen nun alle Dias innerhalb einer Serie gleicherart stehen oder liegen? Ja, tönt es aus den Reihen der ganz Konsequenten, die immer alles gleich ganz entschieden wissen, worüber ich lieber noch ein bißchen nachdenken möchte. Der Wechsel vom Hoch- zum Querformat und wieder zurück wirke viel zu unruhig. Aber demgegenüber behaupte ich gerade, daß der Formatwechsel die Vorführung etwas lebendiger macht. Aber wie immer liegt wohl auch hier die Wahrheit in der Mitte. Bei einem harten Bildwechsel, der mit einem einzigen Projektor nun mal unvermeidlich ist, wird die Formatänderung immer ruckhaft vonstatten gehen. Aber bei einer allmählichen Überblen-

◀ Lieblich wirkende Landschaften und voll getönte Sonnenuntergänge haben eine gleiche Wirkung wie Dur und Moll.

dung, die zwei Sekunden oder länger dauern darf, ist das dabei Störende beseitigt.
Falls Ihnen die Wahl wirklich Kopfschmerzen bereitet, dann liegt die einfachste Lösung wohl im quadratischen Dia des Formats 4×4 oder 6×6. Die Dias 4×4 sind geradezu ideal. Sie werden problemlos aus einem 4×6 Dia gestanzt. Die Fläche ist größer als die eines Kleinbilddias, so daß Helligkeit, Farbfülle und Schärfe wesentlich besser sind. Einen Nachteil der Diaserie im Hochformat muß ich aber doch erwähnen (er gilt auch für quadratische Dias). Die Leinwand muß höher als normal gehängt werden, weil das Publikum sonst den Fuß des Bildes nicht mehr sehen kann.

Bildaufbau (2)

Vieles wurde schon – auch von mir selbst – über den Bildaufbau geschrieben. Aber man sollte sich bei Dias, die sich in eine Serie einfügen sollen, nicht übermäßig um die Regeln kümmern, die für die üblichen Fotos gelten. Zwar wird eine Diareihe aus einzelnen Fotos aufgebaut, aber diese ordnen sich dem Gesamtbild unter, das erst bei der Diavorführung entsteht. Auch hundert mit Preisen ausgezeichnete Dias nacheinander in einer Reihe vorgeführt machen noch lange keine ausgezeichnete Diavorführung aus. Im Gegenteil. Ich könnte mir sogar vorstellen, daß so eine Vorführung zum Gähnen langweilig ist.

Die Kameraeinstellung
Ebenso wie beim Drehen eines Spielfilms unterscheiden wir bei der Herstellung eines Drehbuches drei Kameraeinstellungen, nämlich: Entfernungsaufnahme, Totalaufnahme und Nahaufnahme, sowie vier weitere Zwischenformen, mit denen Extreme und Zwischenformen angedeutet werden.
Die vollständige Liste der sieben Kameraeinstellungen heißt:
Hintergrundaufnahme, mit dem englischen Wort auch als *very long shot* bezeichnet. Diese Bezeichnung läßt auf eine rein technische Angelegenheit schließen und deutet an, daß die ganze Weite einer Landschaft (oder auch nur einer Straße), in der die Handlung sich abspielt, im Bild gezeigt wird. Es geht dabei vor allem um die Funktion im Verhältnis zum Dargebotenen. Der Zuschauer wird mit dem Ort der Handlung bekannt gemacht.
Entfernungsaufnahme. Es versteht sich wohl, daß die Aufnahmeentfernung hier kürzer ist als bei der Hintergrundaufnahme. Das Bild

kann auch Menschen in einem Zimmer zeigen. Der Funktion gemäß ist das dann auch eine Hintergrundaufnahme.
Totalaufnahme. Diese Bezeichnung richtet sich nach dem Menschen als Maß aller Dinge. Eine Totalaufnahme zeigt einen stehenden Menschen vom Kopf bis zu den Zehen, oder einen liegenden im Querformat.
Halbtotalaufnahme. Hier konzentriert sich die Aufmerksamkeit auf die wesentlichen Körperteile, mit anderen Worten, meist wird in der Halbtotalaufnahme eine Person vom Kopf bis zu den Fingerspitzen bei herabhängenden Armen gezeigt.
Brustaufnahme. Die Kamera ist hier noch etwas näher und zeigt nur noch Kopf und Schultern bis zur Brust am unteren Bildrand.
Nahaufnahme. Bei einem Menschen nur noch das Gesicht, bei einer Blume nur noch die Blüte ohne Stiel und Blätter.
Großaufnahme. Jetzt erscheint nur noch ein Teil des Gesichtes im Bild, bei einer Blume z. B. nur noch das Innere des Blütenkelchs. Zu meinem eigenen Gebrauch schreibe ich auch schon mal in mein Drehbuch *Großaufnahme ganz nah*, und damit will ich dann sagen, daß nur noch ein Auge oder ein Blütenstaubbeutel wiedergegeben werden soll. Bei der Vorbereitung und auch später beim Fotografieren sollte man stets daran denken, daß die etwas größer gesehenen Bilder von der *Großaufnahme* bis zur *Brust-* und *Halbtotalaufnahme* am stärksten beeindrucken, Panoramabilder sind dagegen bei der Projektion weniger eindrucksvoll. Deshalb sollten Sie bei Panoramaaufnahmen – im Drehbuch als *Hintergrundaufnahmen* bezeichnet – für eine ausreichende Vordergrundfüllung sorgen. Jemand, der vom Vordergrund aus in die Landschaft hinein schaut, herunterhängendes Laub oder etwas ähnliches. Damit können Sie der Aufnahme eine größere Tiefenwirkung geben. Falls Sie einen Menschen in den Vordergrund stellen, dann sollte der unter keinen Umständen in die Kamera blicken, sondern in eine Richtung, in der es etwas Interessantes zu sehen gibt. Sollten Sie alleine auf Fotojagd sein, dann ist hier der gegebene Augenblick für den Selbstauslöser gekommen. Begeisterte Fotografen nehmen zu diesem Zweck sogar noch ein paar Oberhemden von unterschiedlicher Farbe mit, damit sie Vorder- und Hintergrundfarben aufeinander einstellen können. Und jetzt stellt sich noch die Frage, ob die Vordergrundfüllung links oder rechts ins Bild kommen soll.

Das Objekt links oder rechts?

Im allgemeinen läßt sich sagen, daß ein Bild mit dem Objekt im Vor-

Hintergrundaufnahme
Entfernungsaufnahme

Totalaufnahme
Halbtotalaufnahme

Nahaufnahme
Großaufnahme

Die Blickrichtung des Bildes bremst die Augenbewegung des Betrachters ab. Dasselbe Bild würde spiegelverkehrt erheblich geschmeidiger wirken.

Durch die Stellung der wesentlichsten Linien im Bild wird die Aufmerksamkeit auf die Bildmitte gelenkt.

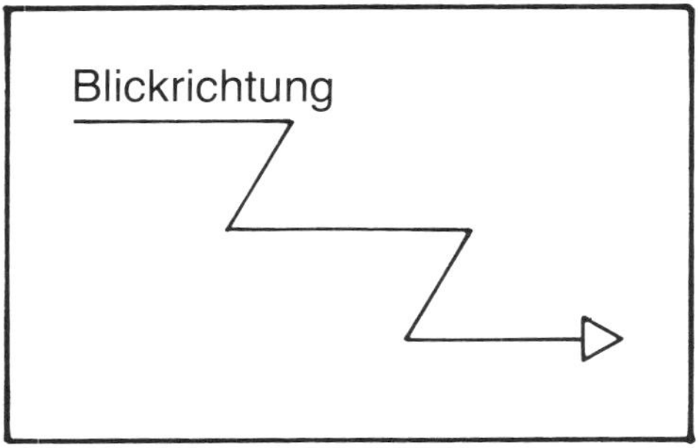

dergrund links angenehmer und sympathischer erscheinen wird, als ein gleiches Bild mit einer rechtsseitigen Objektsaufstellung. Und dafür gibt es sogar eine ganz einfache Erklärung.
Das Auge tastet das Bild von links nach rechts ab. Falls das Objekt links steht, dann bildet es für den Ablauf der Augenbewegung kein Hindernis. Das rechts im Bild stehende Objekt dagegen bricht die Augenbewegung abrupt ab und wirft die Aufmerksamkeit des Betrachters gewissermaßen zur Mitte hin zurück.
Dieser Effekt verstärkt sich noch, wenn das Vordergrundobjekt relativ groß und dunkel ist. Er wird ebenfalls stärker, wenn das Objekt irgendwo hin deutet – auch der Blick in eine Richtung hat ja schon einen deutenden Charakter. Machen Sie nur mal die Probe aufs Exempel, indem Sie einen Wegweiser fotografieren.

Zentralstellung

Von einer Zentralstellung kann man nicht ausschließlich bei jenen Bildern sprechen, deren Objekt im Zentrum steht, wie sich gleich noch zeigen wird. Ich denke hier mehr an die Fotos, in denen die Aufmerksamkeit auf die Bildmitte gelenkt und dort gehalten wird.
Als Beispiel sei hier ein Porträt genannt, bei dem das Modell in der Bildmitte steht und von da aus den Betrachter direkt ansieht. Solche Aufnahmen vermitteln dem Zuschauer ein Gefühl unmittelbarer Ein-

Oben: Man kann eine Diavorführung auch recht gut aus abstrakten Dias aufbauen.
Unten: Dieses Dia braucht man nur kurz zu zeigen, es ist sehr übersichtlich. Übrigens wird die Blickrichtung durch den Abschluß auf der rechten Seite zur hellen Partie links von der Mitte zurückführt. Man kann das Dia als linksbetont ansehen (Klöster in West-Tibet).

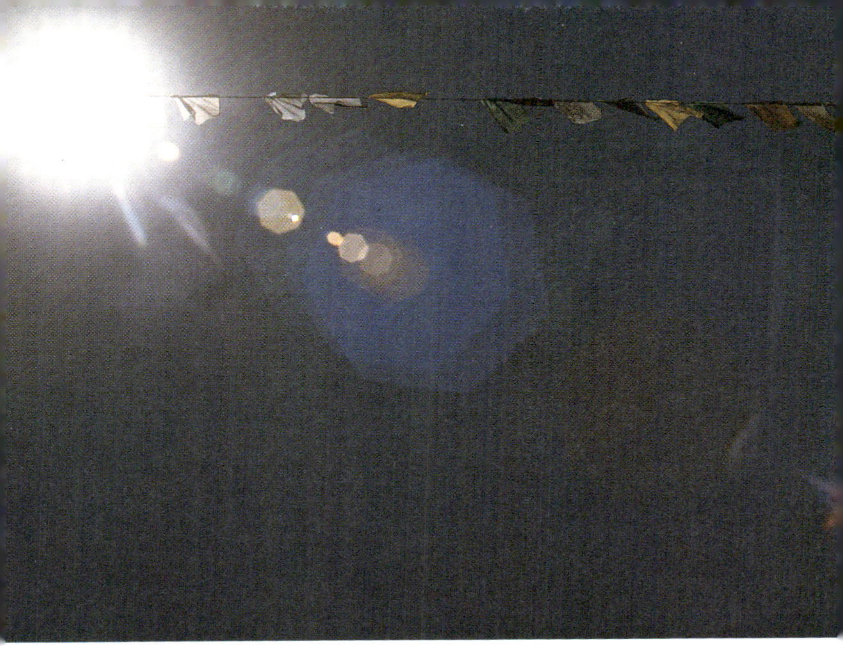

be[illegible] r fühlt sich erkannt oder wenigstens do[illegible] ralstellung ist statisch. Man hat gar nic[illegible] oder rechts zu sehen. Es gibt einen dire[illegible] auch ein Grund, weshalb viele Fernsehinterviews so maßlos unpersönlich sind und den Zuschauer ablenken: der Interviewte sieht den Reporter an, der aber außerhalb des Bildes ist, so daß der Zuschauer das Gefühl hat, man übersehe ihn, er fühlt sich abseits. Er ist der Anwesende bei einem Gespräch, bei dem der eine Gesprächspartner nicht anwesend ist.

In Ausnahmefällen sieht man, daß ein interviewter Mann, der etwas mehr Routine hat, direkt in die Kamera blickt und antwortet. Damit stellt er dann den Reporter mit dem Fernsehzuschauer gleich, und der Interviewer wird damit zu dem Mann, der nur eine Frage ausspricht, die Ihnen, dem Zuschauer, schon lange auf den Lippen brannte.

Nicht nur Gesichter, sondern eigentlich alle Objekte symmetrischer Art, können in einer zentralen Stellung ins Bild genommen werden. Damit entsteht im allgemeinen ein adynamischer Eindruck, das Bild wirkt statisch.

Richtungstendenz

Von ausschlaggebender Bedeutung für die Diaserie ist die Richtungstendenz eines Bildes, im besonderen hinsichtlich der Stellung innerhalb der Serie und der nachfolgenden Bilder.

Wir neigen dazu, dem Lauf von Linien zu folgen. Wir folgen Bächen und Flüssen mit den Augen bis zum Horizont und erkunden Berge und Bäume bis in die höchsten Spitzen. Nach Morris ist dieses ständige Untersuchen der Umgebung eine Instinkteigenschaft des Menschen, die der Art das Überleben ermöglichte. Durch die Bündelung von Linien in einem Foto kann man sich die Neigung des Zuschauers zunutze machen, in eine bestimmte Richtung zu schauen.

In einer gotischen Kirche führen die Verhältnisse von Breite und Höhe dazu, ebenso wie auch die Spitzen, die wie Pfeilspitzen aussehen, daß es zu einem nach oben strebenden Effekt kommt. Auslaufende Linien führen das Auge zwangsläufig an die Stelle, an der die Linien verlaufen.

◂ Oben: Das Dia dieses tibetanischen Mönchtänzers erhält eine lange Standzeit, damit das Publikum Gelegenheit hat, die Vielzahl ihm unbekannter Details zu betrachten.
Unten: Ein echter Leckerbissen für den Tibetkenner. Aber es bleibt nicht sehr lange stehen, sondern wird in Nahaufnahmen verdeutlicht.

Vom Gesichtspunkt der Blickrichtung aus hat so ein Bild, in dem die Linien überwiegend nach rechts verlaufen, kaum etwas Aufregendes.

Wenn man aber dasselbe Bild spiegelverkehrt zeigt, dann kommt es zu einem Linienspiel, das viel fesselnder ist.

Aber nicht nur Linien geben eine Richtung an. Auch die Abbildung einer Bewegung, wie zum Beispiel jemand, der von links nach rechts läuft, hat die Tendenz des Deutens, und zwar in die Laufrichtung. Objekte, die zum Zweck der Bewegung hergestellt wurden, vermitteln ebenfalls eine Suggestion von Richtung. Man schaut vom Objekt aus in die Richtung, die es einschlagen würde; man denke nur an Autos, Schiffe, Flugzeuge, Pferde oder was sonst sich bewegt.
Bilder, in denen die Linien oder Bewegungen nach rechts gehen, nennt man rechtsgerichtet oder mit dem Fremdwort ›dextrogyr‹.

Augenbewegung
Es ist nicht nur die zuvor beschriebene Neugierde, die uns zwingt, jedes Objekt zu prüfen, indem wir es mit den Augen abtasten; man hat uns auch gelehrt, vor allem ebene Flächen in einer bestimmten Richtung zu betrachten. Ein Bild wird immer von links oben über eine Zickzacklinie nach rechts unten mit den Augen abgetastet, in ähnlicher Richtung also, wie man auch liest.
Daraus kann man ableiten, daß ein rechtsgerichtetes Dia mit der Richtung des Betrachtens geht, und dadurch wird also ein Dia auch ohne weiteres akzeptiert. Der Gesamteindruck ist angenehm und – vom abstrakt visuellen Standpunkt aus jedenfalls – keinesfalls schockierend.
Man kann die Linien innerhalb des Dias auch so gruppieren, daß sie den Blick in die Richtung des linken Randes mitnehmen. Auch hier kann man sich die deutende Suggestion, die von vielen Motiven ausgeht, zunutze machen. Auch die Blickrichtung eines Menschen hat die Eigenschaft zu deuten, der Blick fordert auf, in dieselbe Richtung zu schauen. Bilder, in denen Linien oder Bewegungen deutlich nach links weisen, nennt man linksgerichtet oder mit dem Fremdwort ›sinistrogyr‹.
Vor allem die Tendenz der Linksrichtung in einem Dia oder Foto hat einen wesentlichen Einfluß darauf, wie ein Bild beim Betrachter ›ankommt‹. Wenn eine schnelle Bewegung, zum Beispiel die eines Skiläufers, so fotografiert wird, daß die Bewegung in Richtung nach links erfolgt, dann wird diese schnelle Bewegung scheinbar abgebremst, weil sie mit der üblichen Guckrichtung des Betrachters zusammenstößt, der ja schließlich in entgegengesetzter Richtung das Bild mit den Augen abtastet. Und umgekehrt wird eine Bewegung dementsprechend noch beschleunigt, wenn die Bewegungsrichtung nach rechts verläuft. Aber es gibt da noch mehr Zusammenhänge. Bilder, die nach links führen, haben einen introvertierten Charakter, sie un-

terstreichen das Bedächtige, das Intime; Bilder, die in die entgegengesetzte Richtung zeigen, machen einen dynamischen Eindruck, und zugleich ist ihr Charakter extrovertiert, nach außen gerichtet, zielbewußt.
Diese Charakteristik ist etwas, was jeder Abbildung zu eigen ist, aber im Zusammenhang ganzer Bilderserien lassen sich die Eigenschaften noch unterstreichen, indem man die Dias in einer bestimmten Reihenfolge zeigt.
Wenn Dias in willkürlicher Reihenfolge zusammengestellt werden, ohne daß man die zuvor beschriebenen Bildeigenschaften berücksichtigt, dann wird der Eindruck, den sie hervorrufen, der von Unordnung, ja sogar von Verwirrung sein. Bestimmt man dagegen die Reihenfolge nach gründlichem Abwägen, dann kann man auch bewußt die Atmosphäre von Dynamik oder aber die Verinnerlichung hervorzaubern. Im Prinzip ist dieses Hervorrufen einer Stimmung völlig unabhängig vom gewählten Thema. Man kann sogar bestimmte Emotionen durch die Verwendung abstrakter Bilder hervorrufen.
Gerade diese Möglichkeit zur Publikumsbeeinflussung unterscheidet die Diaserie in erheblichem Maße von den Einzelfotos.

Kapitel V

Die Reihenfolge (1)

Eine Diaserie, die sich holpernd und stolpernd weiterschleppt, kann durch die Wahl einer anderen Reihenfolge zu einem mitreißenden Bericht werden. An dieser Stelle will ich nun nicht auf die Logik eingehen, die dem Aufbau des Berichtes zugrunde liegen muß. Hier geht es mir mehr um den Bildaufbau im Zusammenhang mit dem Bildübergang und den sich daraus ergebenden gefühlsmäßigen Effekten. Später, im Kapitel über den Kommentar, wird mehr über den Inhalt gesagt werden.
Beim Abstimmen der Reihenfolge der Dias in kompositorischer Hinsicht spielt die Richtungstendenz eine ausschlaggebende Rolle. Durch sie kann man nicht nur einen flüssigen oder holperigen Bildablauf aufbauen, sondern man kann durch sie auch einen visuellen Zusammenhang zwischen einander folgenden Dias herstellen.
Ein paar Beispiele sollen das verdeutlichen.
Stellen Sie sich zwei Aufnahmen vor, in denen jemand nach rechts schaut. Wenn man diese Dias nacheinander zeigt, dann erreicht man zwei Effekte. Das Publikum schaut mit in die Richtung, die durch den Blick des Fotografierten angezeigt wurde. Bei jedem folgenden Dia wird nun die Erwartung, daß das folgende Dia dieselbe Richtungstendenz habe, verstärkt.
Und als zweiter Effekt kommt dabei die Frage auf: wohin guckt der? Was ist denn da nur außerhalb des Bildes zu sehen, was die Aufmerksamkeit so sehr auf sich lenkt? Wenn man dann noch dasselbe Gesicht in Varianten zeigt, so wird dieser Effekt noch verstärkt.
Aber dabei darf man nun nicht übertreiben. Nachdem nämlich zu Beginn eine gewisse Neugier entsteht, läßt das Interesse schon bald wieder nach. Zwei bis drei Dias stellen in etwa das Minimum dar, aber ab fünf fragt man sich, ob da überhaupt noch etwas kommt. Nach dem dritten Dia kann ein willkürliches Bild gezeigt werden. Das Publikum wird nun unvermeidlich zu der Folgerung kommen, daß die Figur aus den drei voraufgegangenen Dias nach diesem vierten Bild Ausschau hielt.

Dialog

Wenn man nun als dieses vierte Bild ein nach links gerichtetes Dia

Die Bewegung der beiden ersten Aufnahmen wird gebremst, gewissermaßen ›zurückgeworfen‹ im letzten Bild.

In dieser Serie wird die Bewegung nach rechts durchgespielt. Hier kommt es nicht zu einem ›Dialog‹. Noch drei solcher nach rechts gerichteter Bilder, dann hat das Publikum das Interesse völlig verloren.

wählt, dann kommt es zu einer wechselseitigen Beziehung: zum Dialog. Die nach rechts verlaufende Bewegung aus den ersten Dias wird im vierten Dia aufgenommen und beantwortet. Man blickt sich gegenseitig an. Die beiden Bilder werden zueinander in Beziehung gebracht, eine Wechselwirkung entsteht.
Wie wir bereits feststellten, erwächst im Zuschauer durch die ersten drei Dias eine Erwartung, ganz losgelöst vom Inhalt, nur auf der Richtungstendenz beruhend. Das vierte Bild geht nun auf diese Erwartung nicht mehr ein. Neben den bereits genannten Effekten kommt es nun zu einem visuellen Schock, der um so stärker sein wird, je auffälliger die Richtungstendenzen sind.
Die Bewegung, die die ersten drei Dias mit auf den Weg bekamen, kann aber auch aufgenommen und gewissermaßen weitergegeben werden. So erhält die Serie einen flüssigen Lauf. So eine fließende Bewegung, der man leicht folgen kann, da ja alle Dias mehr oder weniger rechtsgerichtet sind, darf aber nicht übertrieben lang fortgesetzt werden, denn sonst entsteht der Eindruck von Langeweile. Um dem zuvorzukommen, kann man hier und dort einen Schockeffekt einbauen, wie er zuvor schon beschrieben wurde. Das Publikum wird dadurch wieder wachgerüttelt, die Aufmerksamkeit erhält einen neuen Impuls, und die drohende Langeweile wird durchbrochen. Aber denken Sie ebenfalls daran: auch Schockeffekte nacheinander wirken langweilig!
Wer aus jeder Folge von vier Dias einen Höhepunkt machen will, der erreicht genau das Entgegengesetzte: die beabsichtigten Höhepunkte und die Schockeffekte werden dadurch zu alltäglicher Mittelmäßigkeit abgewertet.

Abwechslung
Es gibt mehrere Methoden, eine Diaserie abwechselnd zu gestalten. Langeweile entsteht, wenn Panoramen aufeinander folgen. Einmal ganz abgesehen von der Tatsache, daß ein ›Weitblick‹ sich nun einfach nicht sonderlich gut zur Projektion eignet, sollte man grundsätzlich nicht viele Hintergrund- und Entfernungsaufnahmen nacheinander setzen. Zwischen solchen Bildern müssen Nahaufnahmen und Totalaufnahmen erscheinen, denn von der Hintergrundaufnahme fühlt sich der Betrachter distanziert, die Nahaufnahme stellt dagegen eine Beziehung zwischen ihm und dem Bild her. Eine (allerdings etwas platte) Möglichkeit besteht darin, zwei Reisegenossen aus der Nähe zu fotografieren, während sie einander offenbar auf etwas hinweisen. Eigent-

lich hat solch ein Foto gar nichts mit dem Verlauf der Geschichte zu tun, es wird nur eingeflickt, um die Monotonie zu brechen. Übrigens können Sie die Technik der Abwechslung zwischen Entfernungs- und Nahaufnahmen recht gut in den erfolgreichem Comic strips wie *Asterix* u. ä. studieren.

Übersichtlichkeit

Wenn Sie zuviele Nahaufnahmen hintereinander zeigen, verliert das Publikum die Übersicht. Bringt man von einer Maschine ständig nur kleine Einzelteile, dann kann der Zuschauer sich nicht mehr vorstellen, wie die Maschine insgesamt arbeitet und funktioniert. Immer wieder müssen Sie dafür sorgen, daß der Betrachter zum Gesamten zurückfindet, so daß er auch weiß, welchen Platz das gezeigte Kleinteil (die Nahaufnahme also) einnimmt.

Aber umgekehrt gilt natürlich dasselbe. Die Vorderfront eines Hauses mit einem ausdrucksvollen Ornament oder einer Plastik über der Haustür schreit nachgerade um Detaillierung.

Das Detail

Mit einer modernen Projektoranlage und einem Überblendgerät kann man einen nahezu perfekten *Zoom* simulieren. Mit etwa drei Bildern nähert man sich dem gewünschten Detail. Das vierte Dia ist dann die eigentliche Nahaufnahme. Die Nummer eins dagegen gibt die Gesamtübersicht. Die Dias zwei bis vier lassen wir in einer durchgehenden Überblendung vorbeiziehen, während das letzte Dia dann die eigentliche Nahaufnahme ist, die solange stehen bleibt, wie das im Zusammenhang mit der Detaillierung z. B. des Giebelsteines notwendig erscheint.

Aber nicht immer funktioniert dieses durchgehende Überblenden so richtig. Vor allem, wenn die Bilder recht kompliziert sind, ist es besser, jedes Einzeldia noch einmal solange stehen zu lassen, wie auch die Überblendung dauert.

Bei solch einer Annäherung, die ein Objekt oder ein Detail näher heranholt, bekommt der Zuschauer selbst das Gefühl der Nähe. Im umgekehrten Fall beginnt man mit einem Detail, und danach wird die Kamera scheinbar ständig weiter vom Objekt entfernt. Das führt dann zu einem Gefühl der Distanzierung, der Entfernung, des Abschiednehmens. Beenden Sie eine Diaserie aus dem Urlaub doch einmal so:

1. *Nahaufnahme* vom Hotelbesitzer; 2. *Brustaufnahme* von ihm zu-

sammen mit seiner Ehefrau; 3. *Halbtotalaufnahme* – die Fassade des Hotels wird jetzt sichtbar; 4. *Totalaufnahme* (jetzt kann die Entfernung unterstrichen werden durch eine Vordergrundfüllung und die Verwendung eines Weitwinkelobjektivs); 5. und 6. *Entfernungsaufnahme* und *Hintergrundaufnahme* – das Hotel aus der Ferne.
Kann man noch weitergehen? Aber gewiß! Sie können jetzt eine Diareproduktion des letzten Bildes in halber Größe bringen, so daß das Bild selbst nunmehr kleiner erscheint. Darauf kann dasselbe noch einmal mit einem Bild in einem Viertel der ursprünglichen Größe erfolgen, und von da aus geht es dann allmählich in Schwarz über.
Ein Abschluß, der die Entfernung zwischen hier und dem Urlaubsort symbolisiert.

Farbkontrast

Manche Serien machen einen wenig farbigen Eindruck, andere Diaserien dagegen funkeln vor Farbenpracht. Woher kommt das?
Betrachten wir doch einmal, wie diese funkelnde Serie zusammenhängt. Es zeigt sich, daß darin Dias mit komplementären Farben so gut wie möglich aufeinander folgen. Nach einem Foto von einer gelben Blume folgt ein Dia, in dem Blau die Hauptrolle spielt; auf ein überwiegend grünes Dia folgt ein rötliches. Durch diese Zusammenstellung erscheinen die Farben lebendiger und frischer, als sie es in Wirklichkeit sind. Der Effekt sticht noch deutlicher ab, wenn das Publikum Gelegenheit bekommt, sich an das erste Dia zu gewöhnen, mit anderen Worten, wenn es solange auf der Leinwand bleibt, bis die Zuschauer die Farbe in sich aufgenommen haben. Wenn dann ein relativ rascher Bildwechsel erfolgt, tritt eine Erscheinung auf, die man ›*Nachbild*‹ nennt. Betrachten Sie ein projiziertes Dia einmal längere Zeit, ohne die Augen abzuwenden, besser gesagt: starren Sie es an. Dann schalten Sie plötzlich den Projektor aus, und nun sehen Sie auf der unbeleuchteten Leinwand die Komplementärfarben jenes Bildes. Und diese verstärken, sobald nun wieder ein anderes Dia folgt, die Farben dieses neuen Dias.
Aber das trifft natürlich auch für den umgekehrten Fall zu. Dias, die alle eine ähnliche Farbe haben, sehen leicht ein bißchen fade aus. Der Überraschungseffekt fehlt und auch die zuvor beschriebene Nachbilderscheinung.
Das gilt für die Reihenfolge, aber auch innerhalb eines Dias selbst kann man diese Farbkontraste anwenden (oder bewußt weglassen), um eine bestimmte Stimmung hervorzurufen. Die bekanntesten Bei-

spiele auf dem Gebiet des Farbkontrastes innerhalb eines Bildes stellen wohl die Gemälde von Vincent van Gogh dar. Die Aufnahmen des Fotografen Hamilton zeichnen sich dagegen gerade häufig durch den fehlenden Farbkontrast aus, und sie erhalten daraus ihre eigentümliche Atmosphäre. So können wir die Wirkung des Farbkontrastes nutzen, um manche etwas zu fade ausgefallenen Dias ein wenig zu beleben. Und in Ausnahmefällen kann man auf diese Weise sogar einen Farbstich überspielen oder gar unsichtbar machen.

Der zusammenhängende Bericht
Leicht können nun die gegensätzlichen Interessen der Farbausgewogenheit und des Zusammenhangs im Bericht einander im Weg stehen. In dieser Hinsicht ist es dann schwer, zu einer perfekten Zusammenstellung zu kommen. Man muß sich hier oft zu einem Kompromiß entschließen.

Die Teilnahme des Publikums

Wenn man Bilder mit einem wechselnden Aufbau einsetzt, dann aktiviert man das Publikum, das nun das Gefühl hat, einer lebendigen Vorführung beizuwohnen. Wie bereits gesagt, hat man die Neigung, seine Augen auf das wesentlichste Bildelement zu richten, und dorthin werden die Augen durch die Richtungstendenz des Dias geführt. Wenn man seine Dias von vornherein so fotografiert und in eine entsprechende Folge bringt, daß die Augen abwechselnd nach links und nach rechts gerichtet werden müssen, kommt es nicht nur zu einem lebendigen Bild, sondern der Zuschauer bekommt auch durch die Bewegung seiner Augen das Gefühl, selbst am Geschehen teilzunehmen. Das trifft vor allem dann zu, wenn das Verhältnis zwischen Breite und Höhe der Leinwand und der Entfernung der Zuschauer optimal ist. Wenn der Betrachter so weit von der Leinwand entfernt sitzt, daß er sie mit einem Blick überschauen kann, dann braucht er seine Augen kaum noch zu bewegen. Ist die Entfernung dagegen zu gering, dann ist das ständige Hin- und Herschauen einfach ermüdend.
Es dürfte also klar sein, daß die Emotionsaktivierung der Blickbewegungen mit größter Sorgfalt aufgebaut werden muß. Eine sparsame Dosierung muß zugleich dafür sorgen, daß die Teilnahme des Publikums im richtigen Augenblick dem Höhepunkt zusteuert.

Tempo und Rhythmus

In welchem Tempo soll man nun die Dias vorführen? Halten Sie sich dabei immer vor Augen, daß ein Dia eher zu lang als zu kurz aufleuchtet.
Ganz allgemein können Sie von folgenden Regeln ausgehen.
Komplizierte Übersichten, detaillierte historische Gebäude, kurzum – alle Bilder, die dem Auge viel Betrachtenswertes bieten: etwa acht Sekunden.
Halbtotalaufnahmen, Gruppen von drei Personen: etwa sechs Sekunden.
Nahaufnahmen, moderne Gebäude, Dinge, die dem Publikum aller Wahrscheinlichkeit nach bekannt sein dürften: etwa vier Sekunden.
Aber wohlgemerkt: das sind nur Empfehlungen, die Ihnen als Anhaltspunkte dienen können. Eine Empfehlung ist keine Vorschrift.
Zuweilen lasse ich ein Dia sogar etwa zwölf Sekunden lang stehen. Aber länger als vierzehn Sekunden niemals. Sollte das fotografische Objekt derart kompliziert sein, daß eine so lange Betrachtung unumgänglich scheint, dann muß man mit einer größeren Zahl von Dias die Gelegenheit bieten, die Details gesondert zu betrachten. Das Hauptobjekt wird damit gewissermaßen in Einzelteile zerlegt.
Jedes Dia wird gesondert beurteilt. Als Kriterium gelten dabei hauptsächlich die Kompliziertheit des Bildes und die Frage, ob das Objekt mehr oder weniger interessant und fesselnd ist.
Seien Sie vor sich selbst auf der Hut, wenn Sie Porträtaufnahmen von Personen beurteilen, die Ihnen selbst sehr ans Herz gewachsen sind. Ihnen mag es noch kurz erscheinen, wenn Sie ein Bild Ihres Kindes oder Ihrer Frau zehn Minuten lang ansehen, aber ein Fremder wird schon bald denken: »Also gut, ich hab's gesehen. Ein Kind und eine Frau, wie tausend andere. Wann geht's denn nun endlich weiter?«
So können Sie also leicht zu zwei Serien mit unterschiedlicher Laufzeit gelangen. Mit Ihren Schwiegereltern haben Sie das Interesse an Ihrer Frau und den Kindern gemeinsam; mit Ihren Freunden die Passion für den Wassersport oder Bergblumen. Durch die konsequente Anwendung einer durchschnittlichen Standzeit pro Dia kommt es zu einem bestimmten Rhythmus. Jeder Mensch hat seine ›innere Uhr‹, es ist dieselbe, die Sie am Morgen weckt, ein paar Sekunden ehe der Wekker rasselt.
Wer sich eine Diavorführung anschaut, stellt sich schon sehr bald auf diesen Rhythmus ein. Ohne heimlich auf die Uhr zu schauen, weiß

man dann schon, wann der nächste Bildwechsel kommt. Abweichungen von diesem Rhythmus sollte man nur dazu verwenden, um die Spannung zu steigern oder dem Publikum den Eindruck von Ruhe zu vermitteln.
Denken Sie zum Beispiel mal an einen Wasserhahn, dessen Tröpfeln die Nachtruhe stört. Regelmäßig klickt ein Tropfen, und Sie hören das schon fast gar nicht mehr. Dann aber bleibt plötzlich ein Tropfen aus. Jetzt konzentrieren Sie Ihre ganze Aufmerksamkeit wieder auf das Tröpfeln, aber es geschieht nichts. Das kann einen Menschen derartig unruhig machen, daß er aufsteht um nachzusehen.
Der gleiche Spannungsvorgang spielt sich auch bei einer Diavorführung ab. Eine Reihe von Bildern läuft mit einer Durchschnittszeit von je fünf Sekunden an Ihnen vorbei. Plötzlich aber bleibt eines zwölf Sekunden lang stehen. Das Publikum merkt dann recht deutlich, daß da irgendetwas los ist, aber es weiß nicht gleich was. Die nächsten sechs Dias kommen wieder im gleichen Rhythmus: alle zwölf Sekunden ein Bildwechsel. Dann folgen sechs Bilder, deren Standzeit von Bild zu Bild um eine Sekunde verkürzt wird, so daß eine Reihe kommt von elf – zehn – neun – acht – sieben – sechs Sekunden. So kann man einen Höhepunkt vorbereiten. Man kann das Tempo mäßigen, zum Beispiel um das Sakrale eines Kircheninterieurs zu unterstreichen, oder man kann das Tempo beschleunigen, um dem Publikum das Hasten und Treiben auf einem Marktplatz zu verdeutlichen. Im letztgenannten Fall, genau wie bei spielenden Kindern, Sportveranstaltungen u. ä., kann man auch die vier Sekunden unterschreiten und jedes Bild nur noch zwei oder drei Sekunden lang zeigen.
So gesehen läßt sich eine Diaserie mit dem Aufbau eines Musikstückes vergleichen; innerhalb des Vierviertelaktes gibt es eine ganze Note, die vier Schläge lang ausgehalten wird, aber im nächsten Takt werden in derselben Zeit vier Noten gespielt.
Es ist relativ schwierig, ein richtiges Vorführungstempo zu bestimmen, denn der Überraschungseffekt, der später auf den Zuschauer wirken wird, verliert sich bei Ihnen ja schon nach der erste Probevorführung.
Sie werden deshalb immer wieder versuchen müssen, sich selbst vom Gefühl der Erwartungen zu befreien, und somit versuchen, dieselbe Serie noch einmal vorurteilslos anzusehen. Gelingt das nicht, dann legen Sie einfach alles für eine Weile zur Seite und machen ein paar Tage darauf einen erneuten Versuch.
Am Rande noch eine Bemerkung: wenn man für eine Serie ein defini-

tives Tempo festgelegt hat, kann es dennoch geschehen, daß man das alles ein Jahr später anders ansieht und neue Zeiten ansetzt.

Die Gesamtdauer

Über die Gesamtdauer einer Diavorführung gibt es wohl die unterschiedlichsten Ansichten.
Merken Sie sich auch hier den Grundsatz, daß man eine Diavorführung besser zu kurz als zu lang macht. Es ist jedenfalls auch für den Vorführenden angenehmer, wenn er gebeten wird, dieselbe Serie am gleichen Abend noch einmal zu zeigen, als wenn er von den Gesichtern eine Erleichterung darüber ablesen muß, daß es ja nun gottlob vorbei ist. Natürlich hängt dabei wieder alles vom Publikum und vom Thema ab. Ein intelligentes Publikum kann eine wesentlich längere Diaschau aufnehmen, als ein weniger vorgebildetes, dessen Konzentrationsvermögen kaum geschult ist, wie das von Kindern.
Aber vor allem geht es hier um ihr Talent als Erzähler. Eine Dokumentation über ein einigermaßen interessantes Land kann leicht eine halbe Stunde lang dauern. Ihr Bericht über den letzten Urlaub am Meer ist dagegen in fünfzehn Minuten erschöpfend behandelt.
Die Dauer einer Diaserie muß unter anderem aufgrund Ihrer Vermutung bestimmt werden, wie weit das Publikum mit dem Thema vertraut sein dürfte. Fast jedermann in Deutschland dürfte z. B. bayerische Urlaubsorte kennen. Jedes Bild wird rasch erkannt, lediglich die Details unterscheiden sich ein wenig.
Und gerade aus diesem Grunde muß eine Serie über tibetanische Klöster viel länger dauern. In diesen Bildern gibt es dann nur vage Anhalts- oder Erkennungspunkte, es sind wesentlich mehr völlig unbekannte Details zu sehen. Deshalb bleibt jedes Dia hier auch länger stehen, und der Kommentar muß weitläufiger gestaltet sein.

Zielgruppe

Viel hängt davon ab, welche Gruppe Sie ansprechen wollen.
Wer seinen Urlaub im nächsten Jahr an der Costa Brava verbringen will, der wird an der visuellen Antwort interessiert sein, wie: was für Hotels gibt's da? ist der Strand überfüllt? kann man sich bequem zum Lesen auf die Terrasse setzen? – das aber sind alles Fragen, die für jemanden uninteressant sind, der seinen Urlaub ohnehin wieder in der altvertrauten Schwarzwaldpension verbringen will.
Bei Leuten, die sich selbst mit einer Reise ins Himalajagebirge tragen,

kann ich mich natürlich lang und breit über Fragen auslassen, wie solche, wo man am besten Träger anheuert, welche Schwierigkeiten einem bei der Bevorratung mit Lebensmitteln erwarten, aber die Leute vom Kirchenchor, die mich zu einem Vortrag eingeladen haben, möchten doch wohl lieber etwas über die mystischen Mönche, ihre Klöster und die Kunstschätze erfahren.
Der Unterschied liegt hier wohl klar auf der Hand: die erste Gruppe untersucht die Möglichkeit, eine solche interessante Reise nachzuvollziehen, während die andere Gruppe entweder etwas über die Gemeinsamkeiten oder über die Unterschiede der religiösen Auffassungen erfahren möchte.
Und wer sich nicht schon bei der Zusammenstellung seiner Serie auf das Publikum einstellt, wird nachher aus den Gesichtern nur Langeweile und Enttäuschung herauslesen können.

Abschnitte

Man sollte Diaserien, die länger als zehn Minuten dauern, besser in mehr oder weniger komplette Abschnitte unterteilen, genau so, wie ein Buch auch in Kapitel unterteilt ist. In jeder Folge wird dann ein einigermaßen geschlossener Komplex behandelt. In der Reihe über die Costa Brava wird das z. B.: das Hotel, das Strandleben, die Terrassen, ein Auflug ins Landesinnere.
Das ist nicht nur mit Rücksicht auf den Verlauf der Geschichte zu empfehlen, es hat auch bei der technischen Durchführung gewisse Vorteile.

Reihenfolge (2)

Auch von einem völlig anderen Gesichtspunkt aus betrachtet ist die Reihenfolge für das Gelingen der ganzen Vorführung von ausschlaggebender Bedeutung.
Im Voraufgegangenen konnten wir sehen, wie sich das Publikum durch Tempo und Rhythmus beeinflussen läßt, aber auch durch die rein kompositorischen Eigenschaften der Bildfolge. Hierdurch unterscheidet sich die Vorführung von Einzeldias von der einer ganzen Diaserie.
Es ist möglich, beim Zuschauer einen bestimmten Gemütszustand zu erwecken, und dies völlig unabhängig von den inhaltlichen Eigenschaften der Bilder.
Aber auch der Inhalt des Dias fordert eine Reaktion heraus. Der In-

halt des nächsten Dias wird zum voraufgegangenen in Bezug gebracht. Menschen versuchen nun einmal immer, zwei verschiedene Geschehnisse in einen Zusammenhang zu bringen, selbst wenn sie nicht das geringste miteinander zu tun haben. Und so wird der Zuschauer auch versuchen, den Inhalt nacheinander gezeigter Bilder aufeinander zu beziehen.
In dieser Hinsicht wurde einmal ein interessantes Experiment gemacht.
Man fertigte einen Filmstreifen von einem Mann, der irgendwo hinschaut. Dieser Streifen wurde dreimal kopiert und anschließend an drei andere Abschnitte montiert, die jeweils das folgende zeigten: eine Torte, eine Leiche und eine üppig geformte Frau. Diese ganze Montage wurde einer Reihe von Versuchspersonen vorgeführt. Natürlich wußten diese Leute nicht, daß der Filmstreifen mit dem guckenden Mann immer dasselbe Bild zeigte. Einstimmig waren die Zuschauer der Meinung, daß der Mann im ersten Fall hungrig dreinschaute, im zweiten Fall traurig und im dritten begehrend.
Mit anderen Worten: die Versuchspersonen legten die erwartete Reaktion selbst in den Gesichtsausdruck des eigentlich völlig neutral blikkenden Mannes. Es wurde eine Verbindung hergestellt, eine Bedeutung hineingelegt, die mit der Wirklichkeit nicht mehr das geringste zu tun hatte.
Und wir können daraus nur den Schluß ziehen, daß die Reihenfolge in inhaltlicher Hinsicht außerordentlich gewichtig ist. Man kann sagen, daß dieselben Dias anders gedeutet werden, wenn sie in einer anderen Reihenfolge vorgeführt werden.

Der visuelle Aufbau

Neben dem logischen Aufbau hat jede Diavorführung auch noch einen visuellen Aufbau, den man in gewisser Hinsicht unabhängig vom tatsächlichen Inhalt des Berichtes betrachten kann. Im Prinzip ist es möglich, eine völlig abstrakte Diavorführung zu gestalten, und das habe ich selbst auch schon mehrmals mit bemerkenswertem Erfolg durchgeführt.
Solch einem visuellem Aufbau muß dann eine bestimmte Betrachtungsweise und Begründung gegeben sein.

Wirkungsvoll beginnen

Eine Regel, die ich im allgemeinen befolge, heißt: man muß zunächst einmal die Aufmerksamkeit des Publikums einfangen, und der Zu-

schauer darf keine Gelegenheit haben, sich dem zu entziehen. Ehe das erste Bild auf der Leinwand erscheint, unterhielten sich die Leute über mehr oder weniger interessante Dinge; im Verlauf des Tages ist das eine oder andere vorgefallen, was die Leute vielleicht jetzt noch beschäftigt. Deshalb kann ich ihre Aufmerksamkeit nur dadurch auf die Dias lenken, daß ich ›auf die Pauke haue‹.
Das kann man machen durch: verblüffende Nahaufnahmen, ungewöhnliche Ereignisse, abnormalen Bildaufbau und ähnliches. Solche Bilder, die ich in Serien von je fünf in rascher Folge bringe, können durch eine aufmerksamkeitserregende Musik begleitet werden. Man kann natürlich auch durch einen Text aufhorchen lassen: ›Welches Geheimnis bergen die Mauern dieses alten Schlosses?‹ (Durch eine so gestaltete Fragestellung haben doch die Zeitungen der Boulevardpresse ihre hohen Auflagezahlen, ebenso wie durch zweifelhafte Ankündigungen wie: ›Die Wahrheit über Farah Diba‹).
Und – wie gesagt – ich verwende dabei einen schnellen Bildwechsel. Auch das hat den Zweck, die Aufmerksamkeit des Publikums einzufangen. Da man ihm nicht die Zeit gönnt, die Bilder in Ruhe zu betrachten, blickt es aufmerksamer auf die Leinwand, um in der kurzen Zeit möglichst viel zu sehen. Durch die schnelle Projektion entgeht dem Zuschauer das eine oder andere aus den ersten Bildern. Erwekken diese Bilder aber seine Neugierde, dann wird er weiterhin aufmerksam zuschauen, um nichts mehr zu verpassen.
Sie werden diese Behauptung in der Fernsehwerbung bestätigt finden: nur ganz kurz sehen Sie einen Teil vom entblößten Körper einer Frau, aber bis die zuschauende Männerwelt sich im Stuhl aufgerichtet hat, ist der Bildwechsel zu der Seife vollzogen, die eigentlich angepriesen werden soll, und diese Seife ist dann unverhältnismäßig lange auf dem Bildschirm zu sehen.
Im allgemeinen ist die Wirkung aller Nahaufnahmen verblüffend. Aber ich verwende hin und wieder auch extreme Großaufnahmen, die das Publikum vor ein Rätsel stellt, das seine Lösung erst in den folgenden Bildern findet.
Geschehnisse, die nicht alltäglich sind, finden sich überall, selbst in den abgelegensten Urlaubsdörfchen. Aber auch das Alltägliche läßt sich zu etwas Besonderem ummünzen, wenn es entsprechend raffiniert fotografiert wird. Eine springende Katze ist zum Beispiel wirklich eine Alltagserscheinung, aber wenn Sie diese springende Katze mit dem Elektronenblitz so fotografieren, daß man auf der Aufnahme die Haare zählen könnte, dann ist das kein alltägliches Bild mehr.

Zum außergewöhnlichen Bildaufbau gehört auch eine kräftige Primärfarbe.
Eine rote Rose eigent sich zur Eröffnung wesentlich besser als eine in rosa Farbe. Auch eine grüne Wiese mit einer Frau im roten Kleid wird ohne jeden Zweifel Aufmerksamkeit erregen. Kurz gesagt: kräftige große Flächen in Primärfarben eignen sich hervorragend dazu, die Aufmerksamkeit von den Alltagssorgen und -problemchen abzulenken.
Nicht nur der Bildaufbau kann ungewöhnlich sein. Sehen Sie sich doch nur einmal einen Film des Regisseurs Ingmar Bergman an. In mehreren seiner Filme spricht der Regisseur zu Anfang einen minutenlangen Monolog. Hier ist es also die Handlungsweise, die abnorm ist, und mit der die Aufmerksamkeit erregt wird.
Viele Diavorführungen beginnen langsam und unauffällig. Dadurch gehen dann die wesentlichen Details auch nicht im Gemurmel der ersten Minute unter. Man beginnt mit wenig auffälligen Bildern bei ziemlich leiser Musik. Erst nach einer Weile schwillt die Musik an, und die Bilder werden nun auch interessanter. Oft werden diese unwichtigeren Bilder auch noch vor dem Haupttitel gezeigt. Sie fungieren als Übergang zwischen dem erleuchteten Saal und dem eigentlichen Beginn der Vorstellung. Diese Methode steht im Gegensatz zu der eingangs dieses Abschnitts beschriebenen.

Der Bericht

Nachdem die Aufmerksamkeit des Publikums geweckt wurde, beginnt der eigentliche Bericht. Dabei muß man eine klare visuelle Logik anstreben. Einzelne Entfernungsaufnahmen machen das Publikum mit dem Ort des Geschehens vertraut, und damit hat man einen guten Beginn für einen ruhigen Bericht. Nun kann die Geschichte weiter in Mittelgrund- und Nahaufnahme ausgearbeitet werden, wobei man in logischer Reihenfolge Fragen beantwortet, die im Zusammenhang mit den ersten Bildern aufgekommen sein könnten.
Ein Fabrikationsvorgang zum Beispiel beginnt damit, daß man die Grundstoffe zeigt, deren Eingang in die Maschine usw., bis schließlich das Fertigprodukt ins Bild kommt.
Ein Bericht über eine Windmühle kann ein paar Bilder von der Mühle in der Landschaft bringen, danach die Windmühlenflügel und eventuell ein paar Wolkenfetzen. Vom Inneren wird dann zunächst der Mechanismus gezeigt, der sich im oberen Teil an der Welle der Flügel befindet, die Antriebsstangen, die die Windkraft nach unten übertra-

gen und schließlich die Mühlsteine oder das Wasserrad, die damit angetrieben werden.

Der Schluß

Ich selbst halte eigentlich nicht sonderlich viel von Diaserien, die wie ein Kerzenlicht langsam verlöschen. Man kann auch versuchen, den letzten Bildern dieselbe Dynamik zu geben, die die ersten Dias auszeichnete. Falls möglich, sollten sie auch im Aufbau zueinander passen.

Gewisse Motive bieten sich selbst als Schlußbilder an, so z. B. ein Sonnenuntergang, ein wegfahrendes Auto usw. Das ist zwar nicht originell, aber jedenfalls deutlich. Traditionelle Schlußbilder sind imposante Landschaften mit starker Wolkenbildung darüber, Menschen von hinten gesehen, die offenbar weggehen und ähnliche Szenen.

Mal von den Regeln abweichen

Sie sollten sich vor Augen halten, daß dies die üblichen Regeln sind, und wenn man die befolgt, dann kommt man gewiß zu einer guten und ansprechenden Diavorführung. Aber bedenken Sie auch, daß ganz andere Methoden auch zu überraschenden Effekten führen können. Kreativität läßt sich auch definieren als das Durchbrechen der allgemein anerkannten Regeln. Man kann nicht von jemanden sagen, daß er kreativ sei, wenn er es offenbar niemals wagt, mal einen Millimeter von der Gebrauchsanweisung abzuweichen. Bestenfalls wird man sagen, daß er mal wieder ein handwerklich sauberes Stück dargeboten habe. Aber gerade das Abweichen von den Regeln, das Suchen nach neuen Wegen kann zu bemerkenswerten Resultaten führen.

Aber wohlgemerkt, ich will damit nun keinesfalls behaupten, daß jedes Abweichen von den Regeln nun gleich gutzuheißen sei. Wer unbedacht anders handelt, wird bestenfalls auf Unverständnis stoßen. Ich las einmal eine Bemerkung über einen Film, der von einer progressiven Gruppe gemacht worden war und der ›*demzufolge* unscharf war‹. Ja, so etwas geschieht leider oft. Jemand möchte etwas Neues sagen und geht dabei von dem Irrtum aus, daß er deshalb auch gleich eine neue Ausdrucksweise mitbringen müßte. Aber in Wirklichkeit sind das zwei Paar Stiefel, die nicht viel miteinander zu tun haben. Man darf die Begriffe *Inhalt* und *Form* nun einmal nicht miteinander verwechseln.

Die Form, anders gesagt – die Manier, in der etwas vorgetragen wird –, darf der Originalität nicht geopfert werden. Eine neue Formgebung darf die Verstehbarkeit nicht blockieren. Allerdings muß man sich dabei dessen bewußt sein, daß der Versuch, durch jedermann gleichermaßen verstanden zu werden, das Niveau des Berichtes erheblich beeinflussen wird. Wer ein Kunstwerk, eine Erzählung und demgemäß auch eine Diaserie jedermann verständlich darbieten will, der muß sie den geistigen Fähigkeiten eines zwölfjährigen Kindes anpassen. Und das sind ›Familienprogramme‹.

Das visuelle Verständnis einer Diaserie hängt zum großen Teil vom Sehniveau des Publikums ab. Es kommt ja nicht von ungefähr, daß so viele große Künstler unverstanden gestorben sind, und daß sie erst viele Jahre danach verstanden wurden. Sie waren ihrer Zeit nicht nur weit voraus, sondern ihr Niveau lag auf einer anderen Ebene, als das ihrer Zeitgenossen. Vincent van Gogh war dafür ein beredtes Beispiel.

Wer fliegen will, der muß den Ballast eines zum größten Teil unvorgebildeten Publikums abschütteln können.

So wird man aufgrund der eigenen Entwicklung Bilder auswählen, die von vielen Leuten nicht verstanden werden können. Vergleichen Sie als Beispiel nur einmal den visuellen Berichtverlauf eines modernen Fernsehfilms mit einem Spielfilm, der über dreißig Jahre alt ist. Der auffälligste Unterschied liegt wohl darin, daß der ›Oldtimer‹ jede Handlung ausführlich zeigt und ausschlachtet. Man sieht zum Beispiel eine Haustüre, eine Nahaufnahme von der Klingel, einen Finger, der diese Klingel drückt, das Dienstmädchen (der Sage nach soll's damals noch Dienstmädchen gegeben haben), das die Tür öffnet, den eintretenden Besucher, wie er seinen Mantel ablegt und schließlich ins Zimmer tritt. In einem modernen Film sehen Sie dagegen nur, wie jemand die Klingel drückt, und die nächste Aufnahme zeigt diesen Besucher schon im Zimmer.

Zwanzig Jahre Fernsehen haben das Publikum an eine raschere Berichterstattung gewöhnt. Nicht nur das: die weitläufige Manier der alten Filme wird heute schon als langweilig empfunden.

Code und Signal

Das moderne Publikum kennt viele Codes, die ganze Handlungen ersetzen können.

So, wie man früher den Schurken im Stück mit einer roten Perücke ausstattete, so wird der gleiche Schurke im modernen Theaterstück als Neurotiker dargestellt, dessen armes Seelchen in der Kindheit von ge-

wissenlosen autoritären Erziehern und verständnislosen Eltern verletzt wurde. Der Code ›rotes Haar = Schurke‹ wurde ersetzt durch ›Nervenzucken = gesellschaftlicher Außenseiter‹. Man zeigt das Nervenzucken kurz in einer Nahaufnahme und erspart sich damit jede weitere umständliche Erklärung. Das Publikum weiß Bescheid.
Sowohl der ›rothaarige Schurke‹ als auch das ›Nervenzucken‹ sind Stereotypen (ständig wiederkehrende Symbole). Meist handelt es sich dabei um vergröberte Darstellungen, mit denen man leichtfertig eine Gruppe von Menschen oder Ideen andeutet. Bestimmte Witze, in denen man über *die* Frau, *den* Neger, *den* Ostfriesen und die unverwüstlichen *Tünnes und Schäl* herzieht, wären ohne solch eine Stereotypisierung fast undenkbar.
Nicht nur Menschen, sondern auch Situationen und Örtlichkeiten dichtet man eine Reihe von Eigenschaften an. Wenn man das stereotype Denken ausnutzt, kann man eine bestimmte Idee leicht auf andere übertragen.
Man verabredet sich in Nachtclubs oder Discobars, wenn man eine zweifelhafte Vereinbarung treffen will. Als Code für eine seriöse Angelegenheit benutzt man heutzutage gern die Interviewform, die sich in der Demokratie so schön macht. Als Code für ein progressives Angehen von Problemen gilt es, wenn man die Vorstellung mit einzelnen Bildern von Massenkundgebungen eröffnet. Der Macher will damit gewissermaßen von vorn herein sagen: Guck mal da, ich stehe nicht alleine da, Tausende sind meiner Meinung, ich spreche im Namen des Volkes. Von der Gegenpartei kriegen Sie dann natürlich niemals gleiche Massen zu sehen. Statt dessen wird nur ein seriös wirkender Herr gezeigt, der die Vorteile eines bestimmten Projektes in wohldurchdachten Worten erklärt. Es ist das altvertraute Rezept ›hör-auf-Papa‹ oder ›die-gibt-der-Zahnarzt-seiner-Familie‹!

Kommunikation

Zuverlässigkeit wird leichter geglaubt, wenn sie von einem grauhaarigen Herrn im einwandfreien Maßanzug ausgestrahlt wird, als wenn ein sogenannter ›alternativer Typ‹ in Blue Jeans sie glaubhaft machen will. Im letzteren Fall müßte die Zuverlässigkeit von Bruder Jeans zunächst einmal durch einen Schwall von Worten und Referenzen nachgewiesen werden, ehe er seine Erklärungen mit einiger Aussicht auf Erfolg von sich geben darf. Allerdings muß hier auch gesagt werden, daß Onkel Maßanzug natürlich vor einem Jeans-Publikum nicht

die geringste Aussicht auf glaubwürdigkeit hätte; man würde ihn vor dem ersten Wort schon auspfeifen und dafür Bruder Jeans blindes Vertrauen schenken.
Das Publikum ist nun einmal aus Vorurteilen zusammengesetzt. Selbst gebildete Leute sind grundsätzlich der Auffassung, daß jeder Jude hervorragend Violine spielt und daß ein Neger aufgrund seiner dunklen Hautfarbe gut Samba tanzen kann.

Die visuelle Kommunikation

Womöglich ist die visuelle Kommunikation, wie sie im täglichen Leben unaufhörlich zustande kommt, eine wesentlichere Form der Ideenübertragung als das gesprochene Wort. Der Mann, der aus einem riesigen Angebot an Kleidungsstücken einen Anzug mit Weste und einen Schlips in der Farbe seiner Socken auswählt und überdies sein Haar im Fassonschnitt trägt, kommuniziert damit nur, daß er bestimmt kein Demonstrant und Unruhestifter ist. Der Typ, der ausgewaschene Blue Jeans trägt und eine Brille, die aussieht wie die Gasmaskenbrille aus dem Weltkrieg, überträgt damit die Information, daß er gern als Intellektueller gelten möchte, der ungespritztes Gemüse ißt und rohe Eier mit der Gabel quirlt. Wer sich einen Landrover anschafft, der zeigt anderen damit seine Sehnsucht nach dem Abenteuer an; sein Verlangen, an einer Expedition in ferne Länder teilzunehmen.
Wenn Sie sich nur umblicken, dann können Sie diese Liste endlos fortsetzen, und natürlich können Sie solche visuellen Verständigungsmittel auch nutzen, indem Sie sie fotografisch einsetzen. Wenn Sie in den ersten Bildern einen verschlammten Landrover zeigen, dann ist das Publikum damit schon auf eine Expedition durch schwieriges Gelände vorbereitet. Autohandschuhe mit Luftlöchern auf dem Handrücken deuten an, daß da wohl einer eine Reise macht, die an den Kunstschätzen unserer Welt entlang und durch die großen Luxushotels führt. Armut kann malerisch-romantisch (und demgemäß teilnahmslos) fotografiert werden, aber auch zum Himmel schreiend und voller Teilnahme, womit Sie auf den Stand des Entwicklungshelfers kommen.
Es liegt mir fern, eine Liste der üblichen Codes aufzustellen, sofern das überhaupt möglich wäre. Diese Zeichen wachsen der Zahl nach und sie ändern sich fortlaufend. Alte Symbole werden vergessen oder werden eine Weile nicht mehr gebraucht, um dann später wieder aufzutauchen, und Dinge, die früher als selbstverständlich galten, werden

auf einmal zu Codes umfunktioniert, so daß sie eine Gruppe von Menschen kennzeichnen.
Betrachten Sie einmal die Kinderkleidung, wie sie in den zwanziger Jahren von einem Teil der Bevölkerung getragen wurde. Sie taucht jetzt wieder auf, und Sie können Stein und Bein darauf schwören, daß Leute, die ihre Kinder so kleiden, der ganzen modernen Lebensweise einschließlich Farbfernseher und Cocktailparty zumindest sehr kritisch gegenüber stehen. Und gleichermaßen erkennt man den Mann, der von Computer- und Raumfahrttechnik schwärmt, an den Kleidern, die er trägt, an seiner Wohnungseinrichtung und sogar an seiner Wortwahl. Auch die Moral spricht dabei ein gewichtiges Wort mit. Und das ist der Grund, der es uns heutzutage so unendlich schwierig macht, einen fünfzig Jahre alten Film noch zu dekodieren, geschweige denn zu verstehen.
Dennoch gibt es Bilder, die nicht oder kaum solchen Änderungen unterworfen sind. Nehmen Sie nur ein Bild mit einem Sonnenuntergang, einer Blumenwiese oder einem blühenden Obstbaumgarten, blonden Mädchen mit großen Sonnenhüten, und mehr in die Richtung des rein Bildtechnischen: *Weichzeichnung, Gegenlichtaufnahmen, Low Key.* All dies vermittelt eine Atmosphäre, die dem Unterschied zwischen Dur und Moll vergleichbar ist. Wer den Versuch machen wollte, den erbärmlichen Zustand in einem Armenviertel mit einem Weichzeichnervorsatz zu fotografieren, der dürfte sicher sein, daß man ihn nicht verstehen wird.
Ehe man sich daranmacht, ein Drehbuch zu schreiben, muß man über die Stimmung, den allgemeinen Ideenhintergrund, den man dem Publikum vermitteln will, nachgedacht haben.

Kapitel VI

Das Drehbuch

Im Prinzip gibt es wohl zwei verschiedene Möglichkeiten, eine Reihenfolge festzulegen. Die erste, die ich die intuitive Methode nennen möchte, läuft darauf hinaus, daß man von einem bestimmten Thema möglichst viele Dias macht, um dann später in Ruhe auszusuchen, welche von ihnen man zeigt.
Wenn Sie mit der Kamera aufbrechen, dann haben Sie das Drehbuch eigentlich nur in groben Zügen vor Augen. Erst später, wenn Sie die Dias ordnen, wächst es zu seiner endgültigen Form aus. Man kann sich wohl leicht vorstellen, daß diese Arbeitsmethode nur dann zu brauchbaren Resultaten führen kann, wenn man sich zuvor gut in das Thema eingelebt hat und ein sicheres Auge für die Möglichkeiten des Mediums hat. Mit zunehmender Erfahrung beim Zusammenstellen von Diaserien, wird man bei dieser Methode auch zu besseren Ergebnissen kommen. Der große Vorteil liegt darin, daß das Endresultat noch bis zum letzten Augenblick offen bleibt, man läßt sich Wege in alle Richtungen frei, so daß man bei näherer Betrachtung auch eine ganz andere Reihenfolge festlegen kann, als ursprünglich bei der noch vagen Idee geplant.
Die zweite Methode ist professioneller und treffsicherer, aber dabei auch nicht so flexibel. Die Folge kann eine gewisse Starre sein. Zunächst schreibt man also einmal ein Drehbuch. Im Grunde ist das eine Reihe von Skizzen, eine für jedes Dia, aus denen der visuelle Verlauf der Geschichte abzulesen ist. Daneben oder darunter stehen Hinweise über den Ton, der aus Musik und den sonstigen Geräuscheffekten besteht sowie aus dem Kommentar, der jetzt schon wörtlich niedergeschrieben wird.
Nachdem der Kommentar ausgeschrieben ist, wird er mit einer Stoppuhr in der Hand laut vorgelesen, so daß man eine ganz präzise Zeitberechnung machen kann, nach der man dann die erforderliche Bildzahl festlegt.
Die Skizzen brauchen nun bestimmt nicht den Radierungen von Dürer zu ähneln, solange Sie selbst auch die Aufnahmen machen. Ein bißchen Gekritzel zur Fixierung Ihrer Ideen reicht absolut aus. Hauptsache ist nur, daß man sich bereits vorher eine klar Vorstellung vom Endergebnis gemacht hat.

Durch die sorgfältige Ausarbeitung eines Bild-um-Bild-Drehbuches wird auch eine genaue Planung im Zusammenhang mit den kompositorischen Qualitäten jedes einzelnen Dias ermöglicht, so daß man auch die Effekte, wie sie im vorigen Kapitel besprochen wurden, leichter einbauen kann.
Wenn Sie nach der erstbeschriebenen Methode vorgehen, kann es schon mal passieren, daß Sie erst beim Ordnen feststellen, daß die Dias nicht ausreichen, um eine bestimmte Textdauer auszufüllen, oder daß kein flüssiger Bildübergang möglich ist, weil ausgerechnet eine bestimmte wesentliche Aufnahme fehlt.

Der Aufbau des Berichtes
Der Bericht muß logisch und vor allem auch visuell aufgebaut sein. Der Kommentar, der die Bilder eventuell begleiten kann, muß die Dias ergänzen. Da gibt es die Wahl zwischen viel Reden mit ein paar Dias zur Untermalung oder vielen Dias mit wenig Kommentar.
Man beginnt mit übersichtlichen Aufnahmen, denen die Details folgen. Der umgekehrte Weg, der sehr wohl möglich ist, fordert vom Publikum erheblich mehr Aufmerksamkeit, weil man ihm nicht so leicht folgen kann.

Der Kommentar

Ehe man sich hinsetzt, um einen Kommentar zu schreiben, muß man sich fragen, ob ein erläuternder Text überhaupt erforderlich ist. Auf die Worte: »Und hier sehen Sie . . .« folgt zweifellos immer ein schlechter Kommentar. Man sollte doch wohl annehmen, daß der Zuschauer selbst seine Augen gebrauchen kann, in Blindenheimen macht man ja schließlich keine Diavorführungen. Der als Beispiel folgende ›erläuternde‹ Text kann bestimmt in jedem Fall gestrichen werden: ›Und hier sehen Sie den kleinen Günther, der sich mit seinen Sandförmchen an der Waterkant amüsiert‹.
›*Hier sehen Sie*‹ ist eine Phrase, ein Satzteil, der häufig von Sprechern nur aus Verlegenheit gebraucht wird, weil sie währenddessen noch überlegen, was sie zu diesem Dia überhaupt sagen sollten.
›*. . . den kleinen . . .*‹, ja, meint der Sprecher denn, die Zuschauer wären sonst nicht imstande, ein Kind von einem Erwachsenen zu unterscheiden?
›*. . . Günther . . .*‹ der Name des Kindes hat in diesem Vortrag kaum irgendwelche Bedeutung. Die Familie kennt das Kind selbst mit Namen, und Fremde werden sich dafür kaum interessieren.

›*... der sich mit seinen Sandförmchen amüsiert ...*‹ wenn die Sandförmchen im Bild zu sehen sind, dann ist der Hinweis überflüssig; ist kein derartiges Spielzeug zu erkennen, dann irritiert der Hinweis. Und wenn man an der Aufnahme nicht einmal erkennen kann, daß das Kerlchen sich wirklich amüsiert, dann sollte man nicht nur den Kommentar, sondern auch das Dia aus der Serie entfernen.
Und so läßt sich für jeden Kommentarschreiber eine eherne Regel aufstellen: *Verlieren Sie niemals Worte über das, was im Dia ohnehin zu sehen ist.*
Eine Diavorführung ist eine visuelle Information, die durch den Text unterstützt wird. Der Nachdruck muß unbedingt auf dem Visuellen liegen. Mit wenigen Worten, die sich auf das Notwendige beschränken, wird diese visuelle Information ergänzt.

Fünf Fragen, die mit W beginnen
In der Journalistik prüft man beim Verfassen von Berichten und Untertiteln, ob fünf Fragen beantwortet werden. Die Einzelheiten, die dadurch vermittelt werden, geben eine vollständige Information über das Thema. Die Fragen lauten:
1. Wer?
2. Was?
3. Wo?
4. Weshalb?
5. Wann?
Beispiel: Der Bundeskanzler (1) nach der Landung (2) in Berlin (3), wo er die Funkausstellung (4) des Jahres 1980 (5) besuchte.
Diese fünf Fakten lassen eigentlich keinen Zweifel mehr über den Inhalt des Dias. Aber das Dia selbst und der Zusammenhang innerhalb der Serie beantworten oft eine Reihe von Fragen, die der Sprecher also nicht mehr zu berücksichtigen braucht. Die Erwähnung ›Der Bundeskanzler‹ kann überflüssig sein, wenn es sich um den derzeitigen Kanzler handelt und wenn der im Foto deutlich zu erkennen ist. Nur einen früheren Bundeskanzler sollte man mit Rang und Namen nennen. Sieht man ihn gerade beim Verlassen des Flugzeuges, dann erübrigt sich wohl auch der Hinweis, daß das hier nach der Landung sei. Die Information ›in Berlin‹ dagegen ist wichtig, weil der Zuschauer das nicht ohne weiteres erkennen kann, es sei denn, irgendwo ist eine große Schrift ›Berlin‹ im Bild. Und schließlich dürften hier noch die Begriffe ›Funkausstellung‹ und ›1980‹ eine Rolle spielen. Der Kommentar zu diesem Dia könnte also (je nachdem, was aus dem Dia selbst

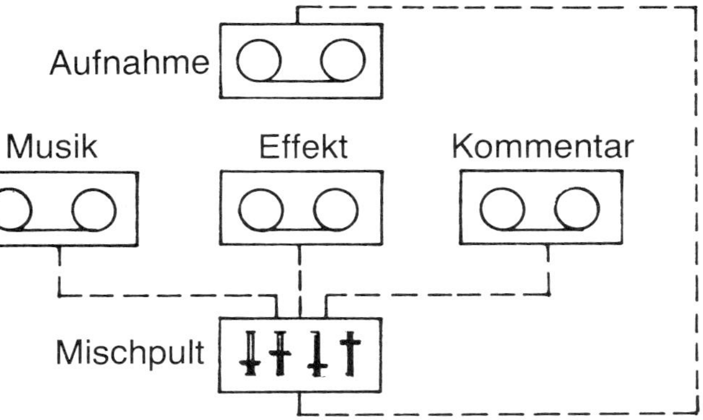

hervorgeht) lauten: ›Der Bundeskanzler vor dem Besuch der Berliner Funkausstellung 1980‹.

Zielgruppe

Aus dem voraufgegangenen Abschnitt geht hervor, daß der Kommentar ebenso wie die ganze Zusammenstellung der Diavorführung auf eine bestimmte Gruppe von Zuschauern abgestimmt sein muß: auf die Zielgruppe.

Von einem deutschen Publikum, das älter als sechs Jahre ist, dürfen Sie ruhig annehmen, daß der Bundeskanzler bekannt ist. Führen Sie Ihre Serie dagegen vor türkischen Gastarbeitern vor, dann müssen Sie wohl vieles erklären, was Ihren Landsleuten längst bekannt ist. Die Ausländer kennen die Gegebenheiten ihrer Heimat, aber hier befinden sie sich in einer ihnen fremden Umgebung. In dem beschriebenen Beispiel dürfte das wohl leicht verständlich sein, aber es gibt auch wesentlich subtilere Fälle.

Zu den gröbsten Fehlern gehört es wohl, wenn jemand beim Schreiben des Kommentars von dem Gedanken ausgeht: »das weiß ja ohnehin jeder«. Aber was Ihnen selbst längst bekannt ist, weiß darum noch lange nicht jeder andere. Natürlich kann man davon ausgehen, daß gewisse Dinge in jeder Schule gelehrt werden, das Wissens- und Bildungsniveau ist in unserem Lande einigermaßen angepaßt. Daneben hat wohl jedermann auch noch einige spezielle Kenntnisse, oft mit zugehöriger Fachsprache. So denkt man zum Beispiel beim Ausdruck

›Männchen machen‹ sofort an einen Hund, aber in der Fliegersprache ist damit eine Kunstflugfigur gemeint.
Abgesehen von der Fachsprache möchte aber jede Gruppe auch Informationen anderer Art über dasselbe Thema erhalten. So will die Gruppe von Bergsteigern beim Bericht über die Expedition in das Himalajagebirge hören, welche Steigeisen man verwendete, während die Leute vom botanischen Verein sich nicht sattsehen können an den Nahaufnahmen von Pflanzen, von denen man außerdem die lateinischen Namen und die Fundorte hören will. Und daher kann es dann auch kommen, daß die eine Gruppe den Vortrag als außergewöhnlich gut, lehrsam und unterhaltend bezeichnet, während die andere Gruppe genau denselben Vortrag als ermüdend langweilig aburteilt.
Es scheint mir grundfalsch zu sein, wenn man zu jeder Bilderserie einen einzigen Vortrag ausarbeitet, der dann von allen geschluckt werden muß. Was dabei entsteht, ist weder Fleisch noch Fisch. Man muß auch den Mut haben, sich für die eine Gruppe zu entscheiden, auch wenn die andere dadurch automatisch ausgeschlossen wird.
Man kann auch den Versuch machen, das spezielle Wissen der Zuschauer und Hörer durch eine kurze Einführung noch ein wenig aufzupolieren.
Ich hatte eine Serie über West-Tibet und ging von der Annahme aus, daß die Gruppe der Interessierten sich etwas folgendermaßen zusammenstellen dürfte:
- Alter zwischen zwanzig und vierzig
- mittlere bis höhere Schulbildung
- Interesse an und einiges Wissen um Buddhismus
- ausreichende geographische Vorbildung
- Interesse, das Gebiet selbst einmal zu besuchen
- mittleres Einkommen.

Aufgrund dieser Annahmen legte ich fest, daß der Kommentar jedenfalls auf die folgenden Punkte eingehen mußte:
- wie kommt man da für wenig Geld hin
- einige topographische Hinweise
- relativ viele Bilder von Klöstern, Mönchen und den Schätzen der Klöster.

Weil ich bei der Zielgruppe eine ausreichende Schulbildung erwartete, konnte ich für meinen Kommentar eine Sprache verwenden, wie sie von Intellektuellen und Halbintellektuellen gebraucht wird. Da das Thema für diese Gruppe interessant sein dürfte und da die Vorstel-

lung nur auf Einladung besucht werden sollte, erschien mir eine Zeitdauer von gut einer Stunde angemessen.
Aber es käme mir niemals in den Kopf, Nachbarn, deren Interesse kaum über Fußball und Fernsehquiz hinausgeht, dieselbe Diaserie mit dem gleichen Text zuzumuten.

Das Sprechen

Das Sprechen des Kommtentars verursacht vielen Amateuren erhebliche Schwierigkeiten. Das große Problem liegt vor allem darin, verständlich und ungekünstelt zu sprechen. Mit dem Mikrofon in der Hand werden die lässigsten Menschen oft ängstlich und verkrampft. Mit einem Male klingt ihre sonst so angenehme und sanfte Stimme, wie die eines eifernden Pastors; manche verschlucken ganze Silben und brummeln verlegen etwas Undefinierbares vor sich hin.
Die Lösung dieses Problems beginnt schon beim Schreiben. Bilden Sie kurze Sätze, in denen nur wenige oder gar keine Kommas vorkommen. Sprechen Sie möglichst in der Gegenwart und in der Einzahl – grammatisch gesagt, im Präsens Singular.
Der Text muß ›mundgerecht‹ sein, wie die Schauspieler das nennen. Sprechen Sie deshalb bereits bei der Niederschrift laut mit. Es ist gar nicht so unvernünftig, wenn Sie den Text als erstes einmal auf Tonband sprechen. Von diesem, aus dem Stegreif gesprochenen Text kann man leicht einen ›mundgerechten‹ Text machen.
Man kann vieles lernen, wenn man Bänder noch einmal abhört, die man selbst besprochen hat. Meist hört man dann, daß man einen Akzent falsch gesetzt hat oder daß die Höhen und Tiefen im Satz etwas unbeholfen klingen, vielleicht sogar kindlich. Deshalb sollte man sich die Wörter unterstreichen, die betont werden müssen.
Wiederholen und Üben ist hier unvermeidlich. Seien Sie überzeugt, nicht einmal die Nachrichtensprecher des Fernsehens können Texte ohne vorheriges Durchlesen (und Probieren) fehlerfrei und mit richtiger Betonung vortragen.

Geräusche

Auch Geräusche sind als Kommentar zu verstehen. Der pfeifende Wind bei einer Ansicht vom Hafen, das Vogelgezwitscher bei einem Bild vom Wald, die Geräusche eines fahrenden Zuges bei der Wiedergabe eines Zugabteils fügen der optischen Information eine akustische hinzu.

Den Kommentar ›der Wind pfiff uns nur so um die Ohren‹ kann man ohne weiteres durch das Geräusch des pfeifenden Windes ersetzen. Hintergrundgeräusche sind sehr suggestiv und haben einen spürbaren Einfluß auf die Stimmung. Dennoch sollte man sie bei Diavorführungen nur mit Maßen einsetzen. Die sehr dynamischen Geräusche von Kindern im Schwimmbad stehen dem statischen Bild gegenüber.
Die Aufnahme von jemandem, der ins Wasser springt, zeigt eine Bewegungsphase von – na, sagen wir einer hundertfünfundzwanzigsten Sekunde. In der Projektion wird das auf ein paar Sekunden gedehnt. Das Plumsen im Wasser dauert auch nur ganz kurz und das läßt sich nun nicht dehnen. Wo sollte man den Aufschlag im Wasser nun akustisch bringen?
Gleich zu Anfang, oder genau an den Schluß? Die beste Lösung liegt darin, solche Synchroneffekte ganz zu vermeiden und sich auf allgemeine Hintergrundgeräusche zu beschränken.

Aufnehmen oder kaufen?

Zwar ist es sowohl befriedigend als auch glaubhafter, wenn man die Hintergrundgeräusche selbst aufnimmt, aber oft ist das auch umständlich und schwierig. Der tragbare Kassettenrekorder muß schließlich mit derselben Sorgfalt bedient werden wie der Fotoapparat, und so wird meist nicht viel aus der ganzen Sache. Am besten ist es, wenn Frau oder Freunde für die Tonaufnahme sorgen können, während Sie selbst sich ganz auf die Fotografie konzentrieren. Der große Vorteil der selbstaufgenommenen Hintergrundgeräusche liegt zum ersten darin, daß die Aufnahme von ausreichender Zeitdauer ist und zum zweiten darin, daß es nicht nur ähnliche, sondern genau die richtigen Geräusche sind, die zur Situation passen. Wer aber keine Gelegenheit hat, solche Tonaufnahmen zu machen, der muß seine Zuflucht bei speziellen Schallplatten oder Kassetten suchen. Es gibt sie in jedem guten Musikgeschäft, und sie haben etwa solche Titel wie *Vierundzwanzig Hintergrundgeräusche für den Schmalfilm- und Dia-Amateur.*
Der größte Nachteil dieser Platten ist aber darin zu suchen, daß die Dauer der unterschiedlichen Effekte nur kurz ist. Mit dreiundzwanzig Sekunden Schwimmbadgeräuschen können Sie bei einer Diavorführung nicht übermäßig viel anfangen. Bleibt also kaum etwas anderes übrig, als diesen kurzen Plattenabschnitt mehrmals auf Band zu neh-

men und die ganzen Streifen von je dreiundzwanzig Sekunden sorgfältig zusammenzukleben.

Musik

Nur sehr wenige Fotoamateure dürften das Glück haben, einen Musiker in der Familie zu haben, der für die musikalische Untermalung der Diavorführung sorgen kann. Daher sind die meisten also auf die Schallplatte angewiesen. Gleich zu Beginn dieses Abschnittes will ich Sie darauf hinweisen, daß das Überspielen von Schallplatten verboten ist, sofern Sie nicht die Genehmigung gegen Zahlung einer Gebühr von der GEMA einholen. (GEMA = Gesellschaft für musikalische Aufführungs- und mechan. Vervielfältigungsrechte mit Sitz in West-Berlin). Wenn Sie Ihre Dias öffentlich vorführen wollen, dann tun Sie gut daran, dies zuvor zu regeln und nicht zu warten, bis man an Sie herantritt.
Sehr schwer ist es tatsächlich, aus dem riesigen Musikrepertoire das Richtige auszuwählen. Dabei spielt auch der zwar gute, aber dem Neuen gegenüber meist ablehnende Geschmack eine Rolle. Richten Sie sich am besten nach dem eigenen Geschmack. Hören Sie sich möglichst viel Musik an – aus verschiedenen Zeiten, von unterschiedlichen Komponisten, in allen möglichen Besetzungen-, und entscheiden Sie sich dann für das, was Ihnen gut erscheint. Dabei können Sie sich von einer Stereotype leiten lassen, so daß Sie zum Beispiel Orgelmusik zu den Bildern aus einer Kathedrale wählen, oder Sie lassen sich vom Titel der Musik leiten, aber das führt dann zwangsläufig dazu, daß Sie zum Sonnenaufgang die *Morgenstimmung* aus der Peer-Gynt-Suite von Edvard Grieg abspielen.
Es gibt keine Regel, die Ihnen so etwas vorschreibt. Viel interessanter sind die Effekte, wenn man zu einem Bild der erwachenden Natur die Orgelmusik bringt.
Musik ist ein sehr suggestives Hilfsmittel. Dias scheinen durch die gleichzeitig erklingende Musik einen neuen Inhalt zu bekommen. Selbst die Farben bekommen andere Nuancen.
Darin liegt auch ein Teil des Geheimnisses der erfolgreichen Diavorführung verborgen. Durch die Kombination der vier Elemente: Bild Geräusch, Musik und Kommentar kommt es zu einem neuen Gesamtbild, das offenbar die Summe der vier einzelnen Bestandteile noch weit übersteigt.
Fast jede gewünschte Stimmung läßt sich bei einer Diavorführung her-

vorzaubern; das Publikum kann in seinen Gefühlen gesteuert werden, indem man die genannten Faktoren dosiert und abwägt.
Um sich innerhalb des riesigen Musikangebotes noch zurechtzufinden und um seine eigene Vorstellung noch wiedererkennen zu können, sollte man die Musik in einer Kartei nach Arten unterteilen, zum Beispiel: großes Orchester, kleines Orchester, Solisten. Und dann wieder eine Unterteilung nach dem Genre: Klassik, leichte Musik, moderne Musik, Jazz, Rock, Pop.
Ich selbst verwende diese Einteilung, um schneller entscheiden zu können. Suche ich die Wucht eines großen Orchesters oder den flüchtigen Hall einer Hirtenflöte? Während ich mir meine Dias ansehe, versuche ich mir die Musik vorzustellen, und das erleichtert meine Wahl erheblich.

Kapitel VII

Ein bißchen Tontechnik

Zunächst wollen wir einmal betrachten, welche Apparatur man braucht, um ein brauchbares Tonband herzustellen.
Ein Tonbandgerät ist natürlich das erste, was man braucht. Ich selbst bevorzuge das Tonbandgerät mit Spulen vor dem Kassettenrekorder, denn mit dem ersteren wird die Montage erheblich erleichtert. Dieses Gerät soll mit einer Geschwindigkeit von 19 cm/s laufen, nicht nur, weil die Klangqualität dabei am besten ist, sondern vor allem auch, weil die Montage keine Schwierigkeiten mehr macht. Wenn Kommentar und Musik gemischt werden sollen, braucht man einen guten Plattenspieler.
Ferner sind ein oder mehrere Mikrofone nötig.
Und schließlich braucht man auch noch ein Mischpult, über das die Mikrofone und der Plattenspieler mit dem Tonbandgerät verbunden werden.

Die Aufnahme des Kommentars
Der Kommentar muß natürlich auf die richtige Stelle des Tonbandes kommen. Das mag zwar ganz simpel ausführbar erscheinen, aber wenn man die Sache eben überdenkt, dann wird man auch gleich das Problem erkennen.
Was ist die richtige Stelle?
Will man ohne viele Fehlversuche und zeitraubende Wiederholungen zum gewünschten Resultat kommen, dann bedarf es einer sorgfältigen Vorbereitung.
Der Kommentar wird groß und deutlich aufgeschrieben. Jeder Textblock, der zusammenhängend abgelesen werden muß, wird auch zusammenhängend auf einen Bogen Papier geschrieben. Dann wird mittels einer Stoppuhr genau ermittelt, wie lange das Sprechen solch eines Blocks in Anspruch nimmt. Diese Zeit notiert man sich in der üblichen Weise, hinter die Minuten setzt man ein ′ und hinter die Sekunden ein″; schreibt man 2′10″, dann heißt das dementsprechend zwei Minuten und zehn Sekunden.
Anschließend berechnet man noch einmal die genaue Zeitdauer aller Textblöcke vom Anfang an und notiert sich die Zeit ebenfalls auf die Textbogen.

Nach diesen Vorbereitungen und nachdem man ein paarmal probegelesen hat, kann man mit dem Aufnehmen beginnen.
Zugleich mit dem Anlaufen des Tonbandgerätes drückt man die Stoppuhr. Mit dem Sprechen des Kommentars beginnt man in dem Augenblick, den man sich auf dem ersten Blatt angegeben hat. Aber so einfach das auch klingt, in der Praxis ist es leider so, daß der Blick, den man hin und wieder auf die Stoppuhr wirft, eine Quelle von Störungen ist. Aus dem Grunde finde ich die folgende Methode eigentlich besser.
Geben Sie die Zeiten (siehe ›die Impulssteuerung‹), die Sie als Einzelzeiten neben die Textblöcke notiert hatten, über das Diasteuergerät auf die vierte Spur des Tonbandgerätes. Das Steuergerät wird nun an eine einfache Taschenlampenbatterie mit einem Lämpchen angeschlossen. Jedesmal, wenn nun das Steuergerät auf einen Impuls trifft, leuchtet das Lämpchen kurz auf. Das ist dann das Zeichen, bei dem Sie mit dem Sprechen des folgenden Textblocks beginnen.
Diese Methode bewährt sich gut, und man kann sie leicht durchführen. Wenn Sie noch einen Schritt weitergehen wollen, dann reproduzieren Sie jeden Textblock auf einen dazu geeigneten Schwarzweißfilm, zum Beispiel Agfa Ortho. Diese Dias werden dann in der richtigen Reihenfolge in den Projektor gesetzt.
Der Projektor wird nun an das Diasteuergerät angeschlossen und auf die Leinwand gerichtet. Dazu eignen sich übrigens auch die kleinen Tischmodelle der Durchsichtbildwände.
Jetzt können Sie sich bequem im Sessel zurücklehnen und auf die Bildwand schauen. Im richtigen Augenblick erscheint nun der Text, den Sie nur noch vorzulesen brauchen.
Diese Methode hat nur einen einzigen Haken: der Projektor muß geräuschlos arbeiten, sonst hört man später als Untermalung des Kommentars das Ventilatorblasen und den Diawechsel.

Musik unter dem Text

Zugleich mit dem Tonbandgerät wird auch der Plattenspieler eingeschaltet. Sobald Sie dann mit dem Sprechen beginnen, wird der Volumenregler für die Musik zurückgenommen. Die Stellung muß aber schon zuvor experimentell ermittelt sein. Die Musik darf nicht ganz verschwinden, sie muß nur so leise sein, daß die Übertragung der Sprechstimme dadurch nicht gestört wird. Eigentlich darf die Musik erst in dem Augenblick zurückgenommen werden, in dem der erste Buchstabe des Textes bereits mit dem Mund geformt wurde. Wird sie früher heruntergesetzt, dann kommt ein Augenblick der Ruhe zustande, der später wie eine Störung erscheint. Hören Sie sich im Radio öfters mal ein Hörspiel an. Dabei werden Sie feststellen, wie erfahrene Funkhasen solche Übergänge regeln.

Folgen
Damit das ganze Stück nach einem Fehler nicht erneut aufgenommen werden muß, unterteilt man die Serie in Folgen, die jeweils etwa fünf Minuten dauern. Dazu suche man innerhalb der Serie möglichst natürliche Grenzen auf. Diese Folgen können in der Bildreihenfolge abgetrennt werden, indem man einfach Schwarzdias einfügt. Ist die Tonaufnahme für eine Folge dann vollendet, so kann das Tonbandgerät eben angehalten werden (mit der Pausetaste). Dann holt man mal eben Luft und legt z. B. die nächste Schallplatte auf den Plattenteller.

Zwei Tonbandgeräte
Schon bald werden Sie das Bedürfnis nach Vereinfachung verspüren. Die erste wesentliche Verbesserung dürfte dann die Anschaffung eines zweiten Tonbandgerätes sein. Im Grunde wurden bei der ersten Methode *Aufnahme* und *Mischen* gleichzeitig vollzogen. Aber jetzt können wir zwei Bänder aufnehmen, eines für die Musik und eines für die Geräusche, und diese werden dann anschließend *gemischt*.
Eine weitere Verbesserung, die besonders dem Musikband zugute kommt, ergibt sich mit der Anschaffung eines zweiten Plattenspielers. Der Klang der Schallplatten kann nunmehr unmerklich von der einen zur anderen Platte überwechseln. Während man die eine über das Mischpult allmählich ausklingen läßt, schwillt der Ton der anderen an. Oder man setzt nun das Geräusch eines fahrenden Zuges gegen den Hintergrund leiser Musik. Aber beschweren Sie sich jetzt bitte nicht darüber, daß die Sache allmählich beginnt Geld zu verschlingen. Zweifellos ist dies kein billiges Hobby. Wie wär's denn, wenn Sie sich mal unter Freunden umhören, ob man nicht gemeinsam produzieren kann? Wenn von vier Leuten jeder zum Tonstudio beiträgt, dann kann man eine imposante Anlage zusammenstellen, ohne daß einer sich das am Munde absparen müßte.

Drei oder mehr Tonbandgeräte
Hat man drei Tonbandgeräte zur Verfügung, dann braucht man sich beim Ausdenken von Effekten kaum noch Beschränkungen aufzuer-

legen. Kommentar und sonstige Klänge werden auf getrennten Bändern aufgenommen und später *gemischt*.

Kommentarband

Der Kommentar kann jetzt ohne Unterbrechungen und ohne Rücksicht auf den richtigen Anfangsaugenblick nacheinander gesprochen werden.

Und jetzt machen wir uns mit unbespieltem Band und Bandklebegerät an die Arbeit. Auf dem Rand des Arbeitstisches werden die Zeiten markiert: jeweils neunzehn Zentimeter entsprechen einer Sekunde. Jetzt ist es kinderleicht, den Kommentar auf die Sekunde, ja sogar auf Sekundenbruchteile genau an der richtigen Stelle des Bandes einzufügen.

Nun ist es aber so, daß jeder Raum seinen eigenen *Hall* hat, den man auch recht gut heraushören kann. Würde man jetzt fabrikneues unbespieltes Band zwischen die Kommentarstellen kleben, dann könnten feine Ohren den Ausfall des *Halls* hören. Perfektionisten lassen deshalb sogar das unbespielte Band zunächst einmal mit der ›Stille‹ des Raumes füllen, in dem auch der Text gesprochen wird (Doktor Murkes gesammeltes Schweigen!). Das endgültige Band wird nun fertiggestellt, indem man die Tonbandgeräte eins und zwei über das Mischpult mit dem dritten Gerät verbindet. Letzteres wird als erstes eingeschaltet, und etwa eine Sekunde später werden die beiden anderen gleichzeitig angesetzt.

Das könnte aber Probleme verursachen. Deshalb klebt man vor das Kommentarband noch einen Vorsprung von zwei Sekunden, so daß die Reihe der Handlungen folgendermaßen aussieht: Aufnahmegerät einschalten, eine Sekunde später Kommentargerät, zwei Sekunden später Musik und Geräusche.

Sprechkabine

Es ist ideal, wenn Sie Raum für eine schalldichte Sprechkabine haben. Wenn nämlich ein Düsenjäger über Ihr Haus wegdonnert, während Sie gerade einen gefühlvollen Text sprechen, dann werden Sie's wohl nochmal machen müssen.

Hat man keinen Raum für eine Sprechkabine, dann kann man sich dennoch behelfen, indem man ein paar Stative aufstellt und darüber dicke Wolldecken hängt. Die fangen auch die meisten Außengeräusche auf oder dämpfen sie wenigstens ansehnlich.

Kapitel VIII

Häufig vorkommende Arbeiten

Zu den regelmäßig vorkommenden Arbeiten gehört die Tonbandmontage. Ohne Montage kann man tatsächlich kaum zu einem brauchbaren Band kommen.
Man muß die Kommentarbänder nicht nur auf die erforderliche Länge bringen, sondern oft auch Nebengeräusche und andere Unebenheiten aus dem Band herausschneiden, Musik muß verkürzt oder verlängert werden usw. Dazu benötigt man eine Klebepresse, dazugehöriges Klebeband und ein antimagnetisches Messer oder eine entsprechende Schere. Man kann das ganze als Set unter der Bezeichnung *Cutterbox* kaufen.
Das Bandgerät wird so aufgestellt, daß man den Wiedergabekopf unbehindert sehen kann. Notfalls muß man dazu die Schutzhaube abschrauben.
Dann legt man sich einen Filzschreiber oder einen Glasbleistift zurecht. Nun wird das Band, das montiert werden soll, abgespielt, während man den Finger druckbereit auf der Taste ›Pause‹ liegen hat.
Sobald man dann den Beginn der gesuchten Passage hört, drückt man den Pausenknopf. Bei den meisten Tonbandgeräten kann man die Spulen von Hand hin und her bewegen. Wenn man also nun langsam nach vorn oder hinten dreht, läßt sich die Stelle genau bestimmen, an der das Band den gesuchten Ton hat. Da bringt man nun, genau über dem Spalt des Wiedergabekopfes, einen Querstrich an. Quer dazu setzt man noch in Längsrichtung des Bandes einen kurzen Strich, mit dem man sich merkt, welches Stück man nicht braucht. Dann läßt man das Tonbandgerät wieder laufen, bis man das Ende der gesuchten Passage hat. Da wird das Ganze wiederholt, aber natürlich markiert man jetzt das nicht benötigte Band in die andere Richtung.
Nacheinander zeichnet man sich so alle gewünschten Passagen an, und danach wird das Band wieder zurückgespult. Dann sucht man die erste gemerkte Stelle auf und schneidet das Band mit einer antimagnetischen Schere durch. Davor wird dann ein Stück Anlaufband geklebt. Anlaufband und Tonband überlappen einander noch, dann werden sie in die Klebeschiene gelegt, die einen Schneideschlitz hat, und nun kommt ein Schrägschnitt durch beide Bänder gleichzeitig. Ohne die Bänder zu verschieben entfernt man dann die abgeschnittenen Enden,

Kleben und Glätten eines Tonbandes

legt einen Streifen Klebeband über die beiden Bänder und drückt dann an. Man kann an der Farbe der Bänder erkennen, ob die Klebeverbindung gut ist. Der Klebestreifen darf nicht zu lang sein.
So arbeitet man weiter, bis alle gesuchten Passagen aneinander geklebt sind. Keinesfalls muß man zuerst alle Passagen herausschneiden, man kann jede gefundene Stelle gleich an das Mutterband kleben. Praktisch ist es, wenn man dazu zwei Tonbandgeräte verwendet: eines zum Suchen und das andere, auf dessen Spule man gleich das Mutterband aufspult.
Das fördert die Sauberkeit beim Arbeiten und erleichtert das Aufsuchen anderer Passagen auf dem ursprünglichen Band, wenn man das Band auf dem Suchgerät gleich wieder montiert und sich notiert, welche Stücke man aus ihm herausgeschnitten hat.

Musik verkürzen oder verlängern
Ich habe noch nie erlebt, daß eine Diaserie genau die Länge hatte, wie auch das Musikstück, das ich dafür ausgesucht habe. Musik ist nun einmal zu kurz oder zu lang, damit muß man sich abfinden. Ist die Musik zu lang, dann kann man leicht abhelfen, indem man die Serie um ein paar Dias verlängert. Andernfalls kann man die Musik auch am Anfang kürzen, indem man ein paar Eröffnungstakte wegläßt und den Ton erst langsam anschwellen läßt. Aber die meisten Musikfreunde werden über diese Methode die Nase rümpfen.
Zunächst mißt man die Dauer der Musik einmal mit der Stoppuhr. Sollten sich erhebliche Unterschiede zu der Zeitdauer zeigen, die auf der Plattenhülle angegeben ist, dann müssen Sie eventuell die Drehgeschwindigkeit Ihres Plattenspielers zu ändern versuchen. Aber ein Unterschied von ein oder zwei Sekunden zwischen der angegebenen und der tatsächlichen Laufzeit, die meist etwas kürzer ist, ist nicht ungewöhnlich.
Die ermittelte Zeit rechnet man nun in Sekunden um und teilt die Sekundenzahl durch die Zahl der vorgesehenen Dias. Das Ergebnis nennt die Standzeit je Dia. Natürlich muß diese Standzeit auch in etwa dem von Ihnen gewünschten Tempo entsprechen.
Angenommen, die gewünschte Standzeit liegt bei etwa 4″ pro Dia. Aber bei der Berechnung kam heraus, daß für 30 Dias je 4,25 Sekunden anzusetzen sind. Demzufolge müssen Sie $30 \times 0{,}25'' = 7{,}5''$ irgendwie loswerden. Diese Zeit können Sie kompensieren, indem Sie den Titel ein wenig verlängern (oder auch den Schlußtitel) oder indem Sie sieben Dias je eine Sekunde länger stehenlassen.

Stellt es sich aber heraus, daß die ausgewählte Musik für die Zahl der Dias zu kurz ist, dann kann man vielleicht die Zahl des Titeldias verringern. Aber man kann auch Dias in absoluter Stille zeigen, und dabei würden Sie sich in guter Gesellschaft mit dem Regisseur Ingmar Bergman befinden.
Verlängern kann man ein Musikstück nur, indem man einen Teil wiederholt, in der Musik ein ohnehin gebräuchliches Verfahren.
In der klassischen Sonatenform, die nicht nur für Klaviersonaten, sondern für zahllose Musikstücke von der Symphonie bis hin zu modernen Stücken der leichteren Muse verwendet wird, wird der erste Abschnitt – die Exposition – meist wiederholt, dann folgt ein Mittelstück – die Durchführung –, und danach erklingt wieder der erste Abschnitt, der zuweilen auch noch wiederholt wird. Solch eine Musik eignet sich besonders gut dazu, der Länge einer Diavorführung angepaßt zu werden. Je nach Bedarf kann man etwas herausschnippeln oder noch eine Wiederholung hinzufügen, ohne dabei die Stimmung der Musik zu beeinträchtigen.
Auf den meisten Langspielplatten finden sich übrigens mehrere Stükke, die miteinander stimmungsverwandt sind. Da reicht es oft schon aus, wenn man die Pausen zwischen den einzelnen Stücken aus dem Band herausschneidet.
Oft ist es tatsächlich ein Dehnen und Zusammendrücken, woran der selige Sisyphus seine Freude gehabt hätte, ehe alles haarfein beieinanderpaßt.

Platten mit Geräuscheffekten

Anfangs habe ich immer versucht, die Geräuscheffekte vom Plattenspieler auf das Musik-/Geräuschband zu überspielen. Aber inzwischen habe ich meine Methode geändert.
Jede neue Geräuscheffektplatte überspiele ich sofort nach dem Kauf auf Tonband. Durch wiederholtes Überspielen läßt sich jeder Effekt auf die gewünschte Länge bringen. Mittels Montage kann ich dann jeden Geräuscheffekt leicht und ganz genau in das Mutterband einsetzen. So überspiele ich sämtliche Platten mit Geräuscheffekten für Diaserien zweimal auf Tonband, ehe auch nur einer meiner lieben Familienangehörigen Gelegenheit hatte, die Platte in die Hand zu nehmen. Natürlich bekommt die Dose mit dem Tonband auch sofort eine ausführliche Aufschrift, sonst müßte ich später unter Umständen stundenlang suchen. Also: Zählerstände, Zeitdauer und Titel, ferner Komponist und Angaben von der Plattenhülle werden auf die Dose übertragen.

Rauschen
Vor allem ältere Platten kratzen und rauschen oft. In sehr ernsten Fällen überspiele ich so eine Platte naß. Zum Naßmachen gibt es im Plattenhandel ein Mittel zu kaufen, das mit Alkohol vermischt wird. Meist muß man die Platte nach so einer rigorosen Behandlung immer wieder naß abspielen, weil sie sonst einfach unerträglich klingt.

Geräte miteinander verbinden
Man kann die Leute, die zu ihren Diavorführungen Tonbänder machen, grob gesehen in zwei Gruppen unterscheiden. Den einen ist das Dia das Wichtigste, während der Ton dabei Nebensache ist, und die anderen fertigen Tonbänder bis zur höchsten Perfektion an.
Die Tontechnik ist nun zwar ein außergewöhnlich interessantes, aber leider auch zeitraubendes Hobby.
Wenn Sie gleich mir in der Tontechnik ein Hilfsmittel sehen, mit dem Sie Ihre Dias wirkungsvoller vorführen können, und wenn Sie dabei auf gute Qualitätsarbeit Wert legen, dann kann man nur empfehlen, sich mal ein ganzes Wochenende lang mit allen Geräten und den dazugehörigen Gebrauchs- und Bedienungsanleitungen zu beschäftigen. Alle Kabel werden – sobald der richtige Anschluß gefunden und ausprobiert wurde – mit einem Schlüsselanhänger aus Plastik gekennzeichnet, so daß Sie ohne zeitraubendes Suchen zur richtigen Verbindung kommen.
Oft ist es schwierig, europäische Tonbandgeräte mit japanischen zu verbinden. Ausgangs- und Eingangswerte können unterschiedlich sein. Wenn Sie sich darin nicht zurechtfinden, dann lassen Sie Ihre Anlage lieber von einem Fachmann überprüfen und miteinander verbinden.

Gerätepflege

Die häufigste Störungsquelle an Tonbandgeräten ist der Staub. Vor allem in den Tonköpfen sammelt sich Staub und Verschleißmaterial von Bändern. Dadurch kann der Ton überhaupt ausfallen. Die Köpfe müssen regelmäßig mit Spiritus gereinigt werden, oder besser noch, mit den speziellen Reinigungsmitteln, die Sie zu diesem Zweck im Radiofachgeschäft kaufen können. Je nach Laufzeit sollten Tonbandgeräte und Plattenspieler alle ein oder zwei Jahre zur Überprüfung und Pflege in die Radiowerkstatt gegeben werden.

Kapitel IX

Das endgültige Tonband

Die Diaserie muß nun die endgültige Gestalt bekommen. Die Erfahrung lehrt, daß die endgültige Form erst feststeht, wenn das letzte Band gemacht ist. Danach würde eine Änderung zu einer umständlichen Angelegenheit. Die Dias haben ihre Reihenfolge gemäß den zuvor in diesem Buch beschriebenen Prinzipien bekommen, der Text ist geschrieben und die Platten sind ausgewählt.
Als erstes muß nun einiges geschrieben werden. Man legt eine Liste an, in der alle Handlungen, Kommentare, Musik und Geräuscheffekte sowie die Bildwechsel festgelegt werden. Jedes Dia bekommt dabei seinen eigenen Raum. Ich gebe zwar zu, daß das sehr viel Arbeit ist, aber Sie dürfen sicher sein, daß die Zeit, die Sie jetzt dafür aufwenden, später bei der Anfertigung des endgültigen Tonbandes doppelt und dreifach wieder herauskommt, denn dabei können Sie einerseits rascher arbeiten und andererseits machen Sie weniger Fehler.
Die Listen, die ich dabei verwende, sehen folgendermaßen aus: Nummer des Dias, Inhalt, Standzeit, Impulszeitpunkt, Überblendzeit, Musik, Geräuscheffekte mit genauer Zeitangabe, gesprochener Kommentar. (Bei jedem Textblock wird die genaue Zeit angegeben.) Natürlich verwende ich dabei Abkürzungen, aber selbst dann brauche ich oft noch Doppelbogen, um alles aufschreiben zu können. Es gibt spezielle Bogen für Buchhaltungen, die sich für solche Notizen sehr gut eignen.

Die graphische Darstellung des Überblendens

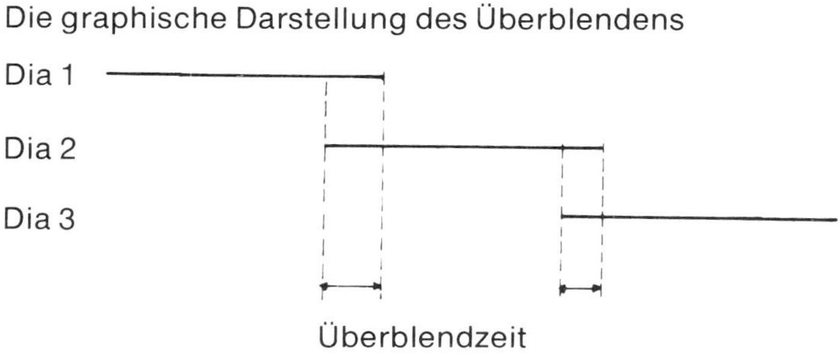

Die Zeit des Überblendens

Beim Festlegen des Ablaufs muß man natürlich auch die Zeit berücksichtigen, die das Überblenden erfordert. Vor allem zu Anfang, wenn man noch nicht soviel Routine hat, ist es von Vorteil, wenn man sich selbst das optisch vor Augen hält, wie auf der Illustration zu erkennen.

Das Mischen

Ehe ich mit dem Mischen beginne, spiele ich alle Bänder noch einmal ab und prüfe, ob jedes Geräusch genau an der richtigen Stelle sitzt. Wenn das dann stimmt, kann mit dem Mischen begonnen werden. Bei diesem Mischen kontrolliert man den aufgenommenen Ton über Lautsprecher.

Die Impulssteuerung

Ist das Mischen des endgültigen Tonbandes zur Zufriedenheit gelungen, dann verbleibt noch das Anbringen der Steuerimpulse. Diese Impulse müssen mit äußerster Sorgfalt eingegeben werden. Bei den einfachen Apparaten mit fester Überblendzeit ist es ein einfacher Ton mit ca. 1000 Hertz, bei Geräten mit mehr Möglichkeiten sind es Töne unterschiedlicher Frequenzen.

Jetzt werden außer dem Tonbandgerät auch die Diaprojektoren angeschlossen.

Auf dem Tonband bringt man nun ein Tonsignal an, und zwar eine willkürliche Anzahl von Sekunden vor dem ersten Ton, der zur eigentlichen Vorführung gehört. Eine Sekunde reicht dabei schon aus, aber viele bevorzugen eine längere Zeit. Dieses Tonsignal gibt an, daß der Punkt 0 des Tonbandes nach der gewählten Zeit folgt.

Die Projektoren werden eingeschaltet und die Impulssteuerung wird auf ›Aufnahme‹ gestellt. Dann wird das Tonbandgerät eingeschaltet, und nach der Zeit, die zwischen dem Tonsignal und dem eigentlichen Beginn liegt, drückt man die Stoppuhr.

Bei den einfachsten Geräten braucht man jetzt nur im rechten Augenblick einen Knopf zu drücken. Man sieht dann gleich, ob dies der richtige Augenblick ist, weil die Projektoren das Dia gleich wechseln und man den Effekt beurteilen kann. Der Druck auf den Knopf darf nicht länger als eine Sekunde dauern, weil sonst unverzüglich ein weiterer Wechsel erfolgt. Bei einer größeren Anlage ist das Einbringen der Steuersignale allerdings etwas komplizierter. Nicht nur der richtige Anfangsmoment ist hier entscheidend, sondern auch die Dauer der Überblendung muß angegeben werden.

Fehler beseitigen

Falls ein Impuls nicht im richtigen Augenblick eingegeben wurde, bleibt einem nichts anderes übrig, als bis auf den nächstgelegenen Bezugspunkt zurückzugehen.

Das kann der Beginn der Folge sein oder auch ein Satzanfang oder ein deutlicher Toneffekt, wie das Läuten einer Schelle. Von dieser Stelle an beginnt man aufs Neue einzugeben.

Wissen Sie, wo beim Anbringen solch einer Verbesserung das Hauptproblem steckt? In der Stoppuhr. Die läuft nämlich ständig weiter und läßt sich nicht mehr auf den Zeitpunkt des Bezugspunktes zurückstellen. Aus diesem Grunde nochmals: unterteilen Sie Ihre Serien in Folgen. Und in der Liste beginnt jede Folge wieder bei Null.

Man kann das Eingeben von Impulsen und Effekten auch leicht über ein Tonbandgerät angeben, ebenso wie man die verschiedenen Arbeitsprozesse beim Farbentwickeln auf Tonband bekommen kann.

Man spricht einen Text ein, der alle erforderlichen Bildwechsel mit ihrem Charakter enthält. Der gesprochene Text gibt noch an, was bei einem bestimmten Tonsignal gemacht werden muß, zum Beispiel: schneller Bildwechsel (piep) ... überblenden in vier Sekunden (piep) einundzwanzig, zweiundzwanzig, dreiundzwanzig, vierundzwanzig usw.

Damit entfällt die umständliche Reihe von Zeitangaben in der Liste, so daß man sich voll auf den Aufbau der Serie konzentrieren kann.

Und noch mehr Projektoren

Wenn man seine Anlage von zwei auf vier Projektoren ausdehnt, dabei zwei Leinwände verwendet, oder mit sechs Projektoren drei Leinwände einsetzt, dann werden die Vorgänge zwar etwas komplizierter, aber sie unterscheiden sich dem Prinzip nach nicht von dem, was zuvor erläutert und beschrieben wurde. Der größeren Zahl von Knöpfen und Bedienungshebeln wegen kann es sich aber lohnen, wenn man einen Freund bittet zu helfen.

Kapitel X

Die Vorführung

Der Appetit kommt beim Essen. Vielleicht haben Sie bei der Zusammenstellung Ihrer Diaserie schon recht viel Freude erlebt, aber die größte Genugtuung bietet doch wohl die Vorführung, und von allen Vorführungen besonders die Premiere.
Sorgen Sie dafür, daß die Vorführung reibungslos verläuft. Es verdirbt die Laune, wenn Sie jedem Ihrer Gäste einen Stuhl anweisen und nach einer Viertelstunde dann ersuchen, wieder aufzustehen um irgendwo anders Platz zu nehmen, wenn Sie dann ganze Kabelgeflechte durchs Zimmer verlegen, als wollten Sie eine Pantherfalle bauen, kurz, wenn Sie das Zimmer in eine Rumpelkammer verwandeln.

Das ganze Geheimnis
Das ganze Geheimnis einer glatt verlaufenden Diavorführung liegt nur darin, vorher ein wenig nachzudenken.

Projektionsentfernung
In den meisten Fällen wird die Projektionsentfernung durch die verfügbare Brennweite bestimmt. Ich möchte aber im Gegensatz dazu die Brennweite des Objektivs durch die Projektionsentfernung bestimmt wissen.

Größe des projizierten Bildes in cm bei der Projektion von Kleinbilddias

Brennweite	Projektionsentfernung			
Objektiv	3 m	4 m	6 m	8 m
85 mm	85 × 130	110 × 170	160 × 240	215 × 325
90 mm	80 × 120	105 × 160	150 × 225	205 × 310
100 mm	70 × 105	90 × 140	140 × 210	185 × 280
120 mm		80 × 120	120 × 180	160 × 240
135 mm		70 × 105	105 × 160	140 × 210
150 mm			95 × 145	125 × 190

Tabelle, aus der leicht die bestgeeignete Brennweite abzulesen ist

Weitaus die meisten Diavorführungen werden in ein und demselben Zimmer dargeboten. Wählen Sie die Brennweite aufgrund der vorstehenden Tabelle, so daß die verfügbare Leinwand auch voll genutzt werden kann. Ein Dia, das mit einer kurzen Brennweite auf eine Leinwand bestimmter Größe projiziert wird, wird bestimmt nicht brillanter erscheinen, als eine Projektion auf dieselbe Leinwand mit langer Brennweite. Schließlich wird ja dieselbe Lichtquantität über dieselbe Fläche gestreut. Hervorragend ist es natürlich, wenn man einen Projektor mit einem *Zoom-Objektiv* hat, mit dessen Hilfe man die Leinwand auf den Zentimeter genau ausfüllen kann.

Die Leinwand

Wenn der Vorführungsraum schmal ist oder wenn das Publikum eng beieinandersitzt, kann man eine Perlleinwand verwenden. In breiteren Räumen muß man eine matte weiße Projektionswand, eine sogen. Weitwinkelwand gebrauchen, denn sonst könnten die Zuschauer an den Seiten nichts mehr sehen. Bei Platzmangel wird das Publikum in Reihen gesetzt werden müssen. Dann muß die Leinwand so hoch hängen, daß auch die hinteren Zuschauer über die Köpfe der vorderen hinweg noch den unteren Rand der Leinwand sehen können. Da die Zimmerdecke in Wohnungen aber nun einmal nicht allzuhoch ist, kann es auch zur Lösung dieses Problems beitragen, wenn man die Zuschauer auf den vorderen Plätzen auf niedere Sitzelemente (Sitzkissen, Sessel usw.) plaziert, während weiter hinten die höheren Stühle stehen.

Die Lautsprecher

Tja, das ist so eine Sache! Zufällig ist es in meinem Wohnzimmer so, daß der richtige Platz für die Radiolautsprecher auch der bestgeeignete für die Projektionslautsprecher ist, nämlich beiderseits der Leinwand. (Ich weiß nicht, ob mein Vorhaben, Dias zu zeigen, mein Unterbewußtsein bei der Einrichtung des Zimmers beeinflußt hat.) Vor allem dann, wenn die Stühle in Reihen hintereinander stehen, müssen die Lautsprecher etwas höher hängen; sie dürfen keinesfalls auf dem Boden stehen, weil der Ton dann in den ersten Reihen versanden würde. Schon kleine Beistelltischchen führen im allgemeinen zu einer erheblichen Tonverbesserung. Besser ist es aber noch, wenn man die Lautsprecher in zwei Drittel der Zimmerhöhe aufhängt.

Verbindungskabel
Die Lautsprecher werden durch Leitungen mit dem Verstärker verbunden. Verlegen Sie diese so, daß sie im Dunkel nicht durch Fußbewegungen gelöst werden können. Natürlich kann man feste Kabelverbindungen an der Wand entlang legen, aber es ist schon ausreichend, wenn Sie die Leitungen unter dem Teppich durchziehen.

Der Projektionstisch
Man braucht einen guten Projektionstisch, vor allem dann, wenn man mit mehr als nur einem Projektor arbeitet.
Entscheiden Sie sich für ein stabiles Modell, das nicht in seinen Beinchen erbebt, wenn man während der Projektion mal ein Magazin auswechselt. Auf einen zweiten Tisch lege ich in der richtigen Reihenfolge alle Magazine und Bänder bereit, die ich im weiteren Verlauf benötigen werde. Die Folge merke ich mir auch noch durch Zahlen, die ich daraufschreibe. Und schließlich habe ich noch eine kleine Taschenlampe mit einer Schirmkappe.

Zimmerbeleuchtung
Um die Zimmerbeleuchtung ein- oder auszuschalten muß man meist durch den Raum bis zum Schalter laufen. Deshalb habe ich eine Stehlampe mit einer starken Glühbirne versehen und in die Schnur statt eines Schnurschalters einen Dimmer eingebaut. Und dieser Dimmer ist in griffbereiter Nähe des Projektors.

Kontrolle
Ehe das Publikum eintrifft, wird alles noch einmal auf schnelle und fehlerfreie Funktion überprüft. Die Projektoren werden eingeschaltet und scharfeingestellt, wobei ein Testdia gute Dienste erweisen kann. Wenn man zwei Projektoren verwendet, muß man noch überprüfen, ob die Bilder deckungsgleich sind.
Vergessen Sie auch nicht, daß die reibungslose Funktion eines Projektors unter anderem vom *Aufwärmen* abhängt: er muß bereits eine Weile eingeschaltet sein um warmzulaufen. Dasselbe gilt für Tonbandgeräte, die man auch bereits etwa fünf Minuten vor der Vorstellung einschalten sollte.

Die Vorführung
Wenn alles bereitsteht und das Publikum bereits Platz genommen hat, überprüfe ich noch die folgenden Punkte:

Zimmereinrichtung von oben

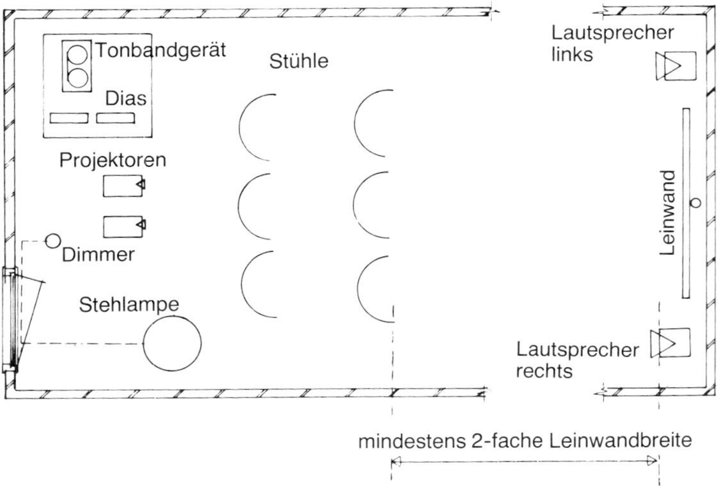

- rasch noch einmal nachsehen, ob jeder einen Aschenbecher, ein Getränk und ähnliche Dinge hat,
- habe ich das richtige Tonband auf dem Bandgerät und die richtigen Dias im Projektor?
- sind alle Lampen ausgeschaltet, bis auf die Stehlampe, die ich mittels des Dimmers in Projektornähe allmählich ausschalten kann? Dann werden die Projektoren eingeschaltet und anschließend das Tonbandgerät, dessen Pausetaste zuvor eingedrückt wurde.
- Jetzt wird die Pausetaste des Tonbandgerätes gelöst und die Stehlampe wird in einem Tempo abgedunkelt, das in einem annehmbaren Verhältnis zum Erscheinen des ersten Dias auf der Leinwand steht.

Wenn man kurze Serien nacheinander vorführt, dann kann man die Stehlampe zwischendurch aufleuchten lassen, aber höchstens mit halber Leuchtkraft. Am Ende der Vorführung dreht man die Stehlampe dann ganz langsam voll auf. Danach wird das Tonbandgerät ausgeschaltet und alle übrigen Lampen leuchten ebenfalls wieder auf.